机械自动化技术与
机械装备管理研究

丁峰 王君 姚鹏◎著

经济日报出版社

北京

图书在版编目（CIP）数据

机械自动化技术与机械装备管理研究 / 丁峰，王君，
姚鹏著. -- 北京 ：经济日报出版社，2025.2
ISBN 978-7-5196-1473-7

Ⅰ．①机… Ⅱ．①丁… ②王… ③姚… Ⅲ．①机械制
造－自动化技术－研究②机械设备－设备管理－研究
Ⅳ．①TH164②TB4

中国国家版本馆 CIP 数据核字(2024)第 067570 号

机械自动化技术与机械装备管理研究
JIXIE ZIDONGHUA JISHU YU JIXIE ZHUANGBEI GUANLI YANJIU

丁　峰　王　君　姚　鹏　著

出　　版：*经济日报*出版社
地　　址：北京市西城区白纸坊东街 2 号院 6 号楼
邮　　编：100054
经　　销：全国各地新华书店
印　　刷：廊坊市博林印务有限公司
开　　本：710mm×1000mm　1/16
印　　张：12.5
字　　数：205 千字
版　　次：2025 年 2 月第 1 版
印　　次：2025 年 2 月第 1 次
定　　价：68.00 元

前　言

在科技日新月异的今天，机械自动化技术作为工业制造领域的核心驱动力，其发展与进步对于提升生产效率、优化资源配置、增强产业竞争力具有至关重要的意义。正是在这样的时代背景下本书应运而生，旨在为广大读者提供一本系统全面的机械自动化技术与管理方面的参考书籍。

本书从多个维度对机械自动化技术进行探讨。首先阐述了机械自动化技术的基本概念、发展趋势以及技术体系的结构，为读者构建了一个清晰的知识框架。同时探究机械加工装备自动化、机械物料供输自动化、机械装配过程自动化以及机械检测过程自动化，详细展示了机械自动化技术在各个关键领域的应用和实践。本书还介绍了先进工业机器人技术与应用，以及机械制造控制系统的安全自动化技术，阐述了机械自动化技术的最新发展动态和前沿技术。

本书注重理论与实践相结合，既有深入的理论阐述，也有丰富的实践案例分析。此外，本书注重知识的系统性和完整性，各章节之间逻辑严密、相互呼应，形成了一个完整的知识体系。

本书在写作过程中得到许多专家学者的指导和帮助，在此表示诚挚的谢意。因水平所限，书中所涉及的内容难免有疏漏与不够严谨之处，希望读者和专家能够批评指正，以待进一步修改。期待本书的出版能够为机械自动化技术的研究和实践提供有力的理论支持和实践指导，为推动我国机械行业建设作出应有贡献。

丁峰　王君　姚鹏

2024 年 8 月

目　录

第一章　机械自动化技术概论 ……………………………………… 1

　第一节　自动化技术及其发展趋势 …………………………… 1

　第二节　机械自动化技术体系的结构 ……………………… 15

　第三节　机械自动化器件的技术要求 ……………………… 19

第二章　机械加工装备自动化研究 …………………………… 37

　第一节　自动化加工设备的基础 …………………………… 37

　第二节　单机自动化方案 …………………………………… 42

　第三节　数控机床及加工中心 ……………………………… 45

　第四节　机械加工自动化生产线 …………………………… 50

　第五节　柔性制造单元与系统 ……………………………… 57

　第六节　自动线的辅助设备 ………………………………… 68

第三章　机械物料供输自动化系统 …………………………… 75

　第一节　物料供输自动化概述 ……………………………… 75

　第二节　刚性自动化物料储运系统 ………………………… 77

　第三节　自动线输送系统 …………………………………… 81

　第四节　柔性物流系统 ……………………………………… 89

第四章　机械装配过程自动化研究 ·· 101

    第一节　装配过程自动化概述 ·· 101

    第二节　自动装配的工艺过程 ·· 107

    第三节　自动装配的部件与机械 ·· 114

第五章　机械检测过程自动化及补偿 ·· 120

    第一节　机械制造中的自动检测技术 ·· 120

    第二节　工件加工尺寸测量的自动化 ·· 128

    第三节　刀具状态的自动识别与监控 ·· 131

    第四节　自动化加工过程的检测与补偿 ·· 141

第六章　工业机器人技术与应用 ·· 147

    第一节　工业机器人结构与分类 ·· 147

    第二节　工业机器人的驱动系统 ·· 155

    第三节　工业机器人的控制技术 ·· 159

    第四节　工业机器人的应用实例 ·· 160

第七章　机械制造控制系统的安全自动化技术 ·· 163

    第一节　机械制造自动化控制系统的类型 ·· 163

    第二节　安全总线系统与安全控制系统实现 ·· 170

    第三节　控制系统安全自动化技术的应用 ·· 183

参考文献 ·· 191

第一章 机械自动化技术概论

第一节 自动化技术及其发展趋势

一、自动化技术的基础内容

(一) 自动化技术的概念及目标

自动化技术是实现产品制造自动化过程中采用的方法和技术。

首先，自动化技术是一门跨学科的综合性技术，涵盖了机械、微电子、网络、信息、控制理论和计算机等多个技术领域。

其次，自动化技术推动了工业领域的巨大进步，现已广泛应用于机械制造、电力、建筑、交通运输、信息技术等诸多领域，成为提升劳动生产率的关键手段。

再次，自动化技术是指在不需要人工直接干预的情况下，机器设备或生产过程能够按照预定的目标实现测量、加工、操纵等信息处理和过程控制的统称。

自动化技术与控制论、信息论、系统工程、计算机技术、电子学、液压气动技术及自动控制技术等密切相关，其中控制论和计算机技术对自动化技术的影响尤为显著。

在实际生产过程中，自动化技术的主要目标是满足生产过程的机械动作时间、动作顺序和工艺状态的要求，通过实现制造装备的运动参数和工艺参数的自动化控制，提高生产效率，降低生产难度，减轻工人劳动强度，从而确保制造过程的产品质量。

(二) 自动化技术的应用领域

自动化技术的进步推动了工业生产的飞速发展，尤其是在石油、化工、冶金、轻工业等行业，由于采用自动化仪表和集中控制装置，促进了连续生产过程自动化的发展，大大提高了劳动生产率。

1. 机械制造自动化工程

机械制造自动化，主要包括金属切削过程的控制、焊接过程的控制、冲压过程的控制和热处理过程的控制等。过去机械加工都是手工操作或由继电器控制的，随着自动控制技术和计算机的应用，慢速传统的操作方式已经逐渐被计算机控制的自动化生产方式所取代。

（1）金属切削过程的自动控制。金属切削过程的自动控制是现代制造业的重要组成部分，其应用在金属切削机床领域尤为显著。传统的金属切削机床如车床、铣床、刨床、磨床和钻床等，主要依赖人工手动操作，由于受限于操作人员的技能和经验，往往难以达到高精度的加工要求。为了克服这一问题，自动化技术和计算机的应用成为解决方案之一，数控机床应运而生，成为自动化技术在机械制造领域的典型应用之一。

数控机床利用计算机控制系统，实现对切削过程的自动控制和监测，从而提高加工精度和成品率。其中，电熔磨削数控机床作为一种特殊的数控机床，专门用于加工有色金属以及其他超黏、超硬、超脆和热敏感性高的特殊材料。相较于传统加工方法，电熔磨削数控机床具有更高的加工精度和效率，能够满足更为苛刻的加工要求，因此被广泛应用于诸如航空航天、光电子、精密仪器等领域。

电熔磨削数控机床在实际应用中也面临一些挑战，其中之一就是电磁干扰对控制系统的影响。在电熔放电加工过程中，机床所产生的电流巨大，可能达到数百、数千安培，这会导致较强的电磁波辐射，严重干扰机床的控制系统。为了解决这一问题，需要采取相应的抗干扰措施，以确保机床稳定可靠地工作。

在电熔磨削数控机床中，采用抗干扰系列的可编程逻辑控制器（PLC）作为机床的控制核心，这是为了保证机床能够正常运行并满足相关的国家标准。PLC作为一种专门设计用于工业控制的计算机，具有较强的抗干扰能力和稳定性，能够在复杂的工业环境中可靠运行。PLC可以对电熔磨削数控机床的加工参数进行精确调节，实现对加工过程的自动控制和监测，从而提高加工的稳定性和一致性。

除了PLC的应用，电熔磨削数控机床的控制系统还包括传感器、执行机构、人机界面等多个部件，这些部件共同协作，实现对机床的全面控制和监测。传感器用于实时监测加工过程中的各项参数，如电流、电压、温度等，以及工件的位置、形状等信息，通过反馈给控制系统，实现对加工过程的闭环控制。执行机构则负责根据控制系统的指令，调节机床的运动轨迹和切削参数，实现对工件的精确加工。人机界面则提供了操作人员与机床之间的交互接口，使操作更加直观和便捷。

（2）焊接和冲压过程的自动控制。焊接和冲压过程的自动控制在现代制造业中具有重要意义，它们通过自动化设备和系统的应用，实现对焊接和冲压过程的高效控制和监测，从而提高生产效率，降低了成本和风险，为工业生产的发展做出重要贡献。

焊接自动化是通过自动化焊机，即焊接机器人是通过配合焊缝跟踪系统实现的。自动化焊机的应用大幅度提高了焊接生产率，减少了废料和返修工作量，是焊接过程中的一项重要技术。为了更好地实现焊接过程的自动化控制，通常需要配备焊缝跟踪系统。传统的焊缝跟踪系统采用机械探针方式，通过电弧传感实现焊缝的跟踪。这种系统需要手工输入信息，操作者不能离开，且对于焊接薄板、紧密对接焊缝和点固焊缝等情况无法胜任。同时，机械探针容易受损，导致废料或返修的增加。

为了解决传统焊缝跟踪系统的不足，新一代产品引入了激光焊缝跟踪系统。激光焊缝跟踪系统基于成熟的激光视觉技术，采用高水平、低成本的传感方式，具有更高的精度和可靠性。与传统的机械探针相比，激光焊缝跟踪系统易于使用，能够在复杂工况下实现对焊缝的精确跟踪，极大地提高了焊接过程的自动化程度。此外，激光传感器还具有较强的抗干扰能力，可以在强电磁干扰等恶劣环境中稳定工作，为焊接自动化系统的稳定性和可靠性提供保障。

焊接自动化系统的应用不局限于特定行业，而是在航天、航空、汽车、造船、电站、压力容器、管道、螺旋焊管、铁路车辆、矿山机械以及兵器工业等各个领域都得到了广泛的应用。在这些领域，焊接自动化系统通过提高焊接质量、减少人工干预、降低生产成本，为企业带来了巨大的经济效益和竞争优势。特别是在航天航空领域，焊接质量的稳定性和可靠性对产品的安全性至关重要，因此，焊接自动化技术的应用更加重要和迫切。

除了焊接自动化，冲压过程的自动控制也是制造业中的重要领域。冲压是指利用冲压机械对金属板材进行加工的一个过程，涉及材料切削、成形和变形等多个环节，对设备的稳定性和精度要求较高。传统的冲压过程依赖于人工操作，存在生产效率低下、人力成本高等问题。自动化设备和系统可以实现冲压过程的自动化控制，提高生产效率和产品质量，降低成本和风险，为企业的可持续发展提供有力支撑。

2. 过程工业自动化工程

过程工业是指通过物理变化和化学变化进行的生产过程，它涉及对连续流动或移动的液体、气体或固体进行加工的工业过程。这些过程工业自动化在多个领域发挥着重要作用，包括但不限于炼油、化工、医药、生物化工、天然气、建材、造纸和食品等工业。在这些工业自动化过程中，控制温度、压力、流量、物位（含液位、料位和界面）、成分和物性等工业参数是关键环节，它们共同构成了工业自动化系统的核心。

（1）对温度的自动控制。加热炉温度的控制和换热过程中的温度控制，这两种情况在工业领域中经常遇到，对于确保产品质量、提高生产效率具有重要作用。

首先，加热炉温度的控制是工业生产中常见的情况之一。在诸如石油加工等工艺过程中，加热炉通常用于对物料进行加热，以提高其温度。为了确保加热过程中物料的温度在合适的范围内，需要对加热炉的温度进行有效控制。通常情况下，通过监测被加热流体的出口温度来实现对加热炉温度的控制。当出口温度偏高时，控制系统会相应地调节燃料油的流量，将阀门适当关闭，以减少燃料的供应量；反之，当出口温度偏低时，控制系统则会调节阀门使其打开，增加燃料的供应量。这种基于负反馈原理的控制方式，通过调节燃料油的流量，实现了对加热炉温度的精确控制，确保了加热过程的稳定性和可控性。

其次，换热过程中的温度控制同样至关重要。在工业生产中，换热过程常常通过换热器或换热器网络来实现。在这种情况下，需要对换热器的温度进行有效控制，以确保其在合适的温度范围内工作。通常情况下，需要控制一侧流体的出口温度，以保证另一侧流体的温度满足工艺要求。为了实现这一目标，控制系统通常通过调节换热器一侧流体的流量来实现对温度的控制。当需要提高出口温度时，系统会增加一侧流体的流量，从而增加热交换效果，提高出口温度；反之，当需要降低出口温度时，系统则会减少一侧流体的流量，以降低热交换效果，从而降低出口温度。通过这种方式，控制系统可以实现对换热过程中温度的精确控制，满足生产过程中的实际需求。

（2）对压力的自动控制。在工业生产中，对压力的自动控制是确保生产过程稳定运行和产品质量的重要措施，主要包括分馏塔压力控制、加热炉炉膛压力控制以及蒸发器压力控制等情况。

首先，分馏塔压力的控制是工业过程中常见的应用场景之一。分馏塔作为一种重要的化工设备，其压力的稳定控制对于提高生产效率和保证产品质量至关重要。分馏塔的压力主要受塔顶气相的冷凝量影响，而塔顶气相的冷凝量可以通过改变冷却水的流量来调节。因此，通过控制冷却水的流量，可以调节塔顶气相的冷凝量，进而实现对分馏塔压力的精确控制，确保生产过程的稳定性和可控性。

其次，加热炉炉膛压力的控制是又一个重要的应用场景。加热炉作为工业生产中常用的加热设备，其炉膛压力的控制对于保证加热炉的正常工作和安全运行至关重要。加热炉炉膛的压力控制通常通过调节加热炉烟道挡板的角度来实现。当需要增加炉膛压力时，系统会相应地调节烟道挡板的角度，使烟气的排出受阻；反之，当需要降低炉膛压力时，则会减小烟道挡板的角度，增加烟气的排出。通过这种方式，可以实现对加热炉炉膛压力的精确控制，保证加热炉的正常运行和产品质量。

最后，蒸发器压力的控制是工业过程中另一个重要的应用场景。蒸发器常用于液体的蒸发和浓缩过程，在工业生产中具有广泛的应用。对蒸发器的压力控制通常是通过蒸汽喷射泵来实现的，以获得所需的低气压或真空度。蒸汽喷射泵可以将蒸汽喷射到蒸发器中，从而降低其内部的压力，实现对蒸发器压力的控制。通过控制蒸汽喷射泵，可以实现对蒸发器的压力控制，确保蒸发器内部的压力处于预设的范围内，保证蒸发过程的稳定进行。

3. 电力系统自动化工程

电力系统的自动化是电力工程领域中一项关键而复杂的技术，它涉及发电系统、输电系统、变电系统以及配电系统等多个方面。

（1）发电系统的自动控制是电力系统自动化的核心之一。发电系统将其他形式的能源转换成电能，包括水电站、火电厂、核电站等。发电系统的自动控制旨在确保发电设备的安全稳定运行，并在故障发生时能够及时采取措施，保障系统的可靠性和安全性。自动控制系统通过监测发电机组的运行状态、电压、频率等参数，实时调节发电机组的输出功率和电压，以满足系统负荷需求和稳定运行的要求。同时，自动控制系统还能够对发电机组进行故障诊断和预防性维护，提高设备的可用性和可靠性，确保发电系统能够持续供电。

（2）输电、变电、配电系统的自动控制及自动保护也是电力系统自动化的重要组成部分。输电系统将发电厂产生的电能通过输电线路输送到变电站，再由变电站进行电压的升降和电能的分配，最终送至不同的配电网供给用户使用。在这个过程中，自动控制系统起着至关重要的作用。它能够实时监测输电线路的电流、电压、功率等参数，对输电线路进行动态调整和优化，以保证电网的稳定运行和电能的高效传输。同时，自动保护系统能够在电网发生短路、过载等故障时及时切除故障区域，保护电力设备不受损坏，最大限度地减少停电事故的发生，确保电力系统的安全稳定运行。

4. 大系统的建模与控制工程

（1）大系统的建模。大系统通常表现为高维的复杂系统，其内部独立变量的数量众多，且相互之间的关系错综复杂。

第一，鉴于系统内变量间关系的复杂性，大系统具备以下显著特性：子系统性，即大系统可能包含多个子系统；非线性，即系统在某些情况下展现出强烈的非线性特性；高阶性，即描述系统整体或部分的微分方程常涉及高阶导数项；时变性，即系统参数随时间变化而发生变化；关联性，即在对系统进行控制时，系统内部的各种严重耦合使得解耦变得异常困难。

第二，大系统研究的核心问题包括：大系统的建模、大系统的可控性与稳定性分析、大系统的优化控制以及大系统的分级控制策略。

建立系统的数学模型是研究系统的基本方法。在建模过程中，通常首先将系统分解为多个部分或子系统，然后根据各部分的数学或物理关系构建模型。针对每个部分，建模前需明确建模目的，因为单一模型往往难以满足多种需求。同时需界定边界，确定边界内的状态变量和穿越边界的扰动变量。常用的物理关系包括能量守恒定律、动量守恒定律、质量守恒定律或连续性方程；在涉及电学的系统中，可能会应用库仑定律、欧姆定律、基尔霍夫定律、法拉第定律或麦克斯韦方程组；在化学反应系统中，需考虑化学平衡、组分平衡和相平衡。

上述建模方法主要属于机理模型范畴。此外，集结法也是一种常用的建模方法，其通过系统或子系统中间变量间的静态或动态映射关系，推导出输入与输出变量间的静态或动态关系。通过试验数据，还可以构建各种数据模型。

（2）大系统的控制。大系统的控制策略主要包括递阶控制、分散控制和分段控制，其中分段控制可基于时间或功能进行。当大系统能够清晰地按层次划分为多个子系统或分系统时，递阶控制就成为有效选择。该策略首先控制各个底层子系统，然后组织相关子系统形成第二阶子系统，并在其中实施协调控制，逐层递进直至整个系统受控。

大系统另一种常用的控制策略是分层控制结构，它反映了决策过程中的复杂性。在此策略中，控制任务按层分配。最内层为调节层，负责调整大系统的状态；第二层为优化层，旨在优化系统状态的期望值；第三层为自适应层，用于识别系统参数变化并据此调整调节器参数；最外层为自组织层，根据系统变化调整模型结构，并计算其他各层所需的变化量。

（三）工业自动控制系统类别

1. 按照控制原理进行分类

工业自动控制系统根据其控制原理可以被分类为顺序控制系统、过程控制系统、运动控制系统和监控系统，每种系统都具有特定的应用领域和控制目标。

（1）顺序控制系统是按照预先规定的时间顺序或逻辑关系，对各设备或对象进行逐步控制的系统。这种系统常见于需要按照固定顺序运行的自动化过程，如电梯的运行控制、流水线上产品的加工顺序控制等。顺序控制系统通过按照事先设定的逻辑顺序，使得各个设备或对象在不同的时间段内按照特定的顺序执行相应的操作，从而完成预定的任务。

（2）过程控制系统是对工业生产过程中的各种工艺物理量（如温度、压力、液位等）进行闭环控制的系统。该系统通过不断地采集、比较和调节被控参数，使得工艺物理量能够按照要求的规律变化，以实现对生产过程的精确控制。典型的过程控制系统包括锅炉的温度和压力控制、化工生产中的反应温度控制等。

（3）运动控制系统是指控制运动物体的运动参数（如转速或位置等），使其按照要求的运动规律变化的系统。这种系统广泛应用于机械制造、运输、航空航天等领域，包括调速系统、位置随动系统和机床控制的点位控制等。运动控制系统通过对运动物体的运动参数进行精确的调节和控制，实现了对复杂运动过程的高效管理和优化。

（4）监控系统是对生产过程中的运行参数和工艺参数进行采集、显示、记录或报警的系统，是自动化技术的重要组成部分。监控系统能够实时监测生产过程中的各种参数，及时发现异常情况并采取相应的措施，保证生产过程安全稳定运行。典型的监控系统包括工业生产中的数据采集系统、远程监控系统和故障诊断系统等。

2. 按照网络结构进行分类

工业自动控制系统根据其网络结构可以被分为集中型计算机控制系统、多级计算机控制系统、集散型计算机控制系统和计算机集成综合系统，每种系统都具有特定的网络组织结构和功能特点。

（1）集中型计算机控制系统采用专用计算机集中处理工业控制问题，通过网络实现数据采集、数据处理和过程监视等功能。在集中型计算机控制系统中，所有的控制任务都由中央计算机完成，各个设备或工艺单元通过网络与中央计算机连接，实现对整个系统的集中管理和控制。这种系统结构适用于控制任务较为简单、规模较小的自动化系统。

（2）多级计算机控制系统通过网络采用多级计算机控制结构，将不同自动化过程或机械设备的工业控制问题分别交由不同级别的计算机处理。多级计算机控制系统可根据系统规模和复杂程度，将控制任务分配给不同级别的计算机，以实现对各个子系统或设备的独立控制和管理。

（3）集散型计算机控制系统通过网络采用分布式计算机控制结构，将实时处理和与现场设备交互的功能分散到前端计算机上，而中央计算机则负责控制系统的管理工作。集散型计算机控制系统具有分布式处理、实时性强和系统可靠性高等特点，适用于对控制要求较高、需要实时响应的自动化系统。

（4）计算机集成综合系统通过网络连接中央计算机和工厂办公室自动化系统，实现工厂制造与商业和事务管理系统的一体化。这种系统将生产过程、管理流程和商业运营等方面进行整合，实现信息共享和资源优化利用，以提高企业的整体运行效率和管理水平。

二、自动化技术的发展趋势

（一）自动化技术性能的发展方向

自动化技术性能的发展方向在不断演进，主要包括高速高精度高效化、柔性化、工艺复合性和多轴化，以及实时智能化等方面。

首先，高速高精度高效化是自动化技术性能发展的重要趋势之一。随着高速 CPU 芯片、RISC 芯片等技术的广泛应用，以及多 CPU 控制系统和高分辨率绝对式检测元件的采用，机床的速度、精度和效率得到了显著提升。改善机床动态和静态特性等措施的采用进一步增强了机床的高速高精度高效化水平，使得自动化制造过程更加稳定、可靠、高效。

其次，柔性化是自动化技术性能发展的又一重要方向。柔性化体现在数控系统本身和群控系统两个层面。数控系统采用模块化设计，功能覆盖面广，可裁剪性强，能够灵活满足不同用户的需求。群控系统具有较强的自适应性，能够根据不同生产流程的要求，实现物料流和信息流的自动动态调整，最大限度地发挥群控系统的效能。

再次，工艺复合性和多轴化是自动化技术性能发展的另一个方向。工艺复合性通过减少工序、辅助时间等方式，实现多工序、多表面的复合加工。而多轴化则主要体现在控制功能的增强，使得数控机床能够同时控制多个轴向运动，实现更加复杂的加工操作，提高加工效率和精度。

最后，实时智能化是自动化技术发展的前沿领域之一。实时系统和人工智能的结合，使得自动化控制系统具备了更高级的智能行为。实时智能控制系统具有实时响应能力，并能够应对更加复杂的现实环境和工业场景，为生产制造提供更加智能化、灵活化的解决方案，推动工业自动化向着更加智能化和灵活化的方向发展。

（二）自动化技术功能的发展方向

1. 科学计算可视化

科学计算可视化是将复杂的数据通过图形、图像和动画等可视化方式呈现，以便于用户理解和分析，从而达到高效处理和解释数据的目的的一种技术手段。在自动化技术领域，科学计算可视化的应用涵盖了诸多方面，具有重要的意义和广阔的应用前景。

（1）科学计算可视化为自动化系统的 CAD/CAM 提供了强大的支持。CAD（计算机辅助设计）和 CAM（计算机辅助制造）是现代制造业中不可或缺的工具，其通过计算机技术对产品进行设计和加工。而科学计算可视化技术可以实现自动编程设计、参数自动设定、刀具补偿以及刀具管理数据的动态处理和显示，从而使得 CAD/CAM 系统更加智能化和高效化。通过可视化的方式，用户可以直观地观察到产品的设计和加工过程，快速进行调整和优化，从而缩短了产品设计周期，提高了产品质量，降低了产品成本，为制造业的发展带来了巨大的推动力。

（2）科学计算可视化技术还可以用于加工过程的可视化仿真演示。在数控技术领域，加工过程的可视化仿真演示对于优化加工方案、提高加工效率和确保加工质量具有重要意义。通过科学计算可视化技术，可以实时地监测加工过程中的各项参数和状态，及时发现并纠正可能存在的问题，从而确保加工过程的顺利进行和产品质量的稳定性。同时，可视化仿真演示还可以帮助用户直观地了解加工设备的工作原理和运行规律，为技术人员提供重要的参考和指导。

2. 用户界面图形化

自动化技术的功能发展方向之一是用户界面图形化，这一趋势在当前信息技术快速发展的背景下显得愈发重要。用户界面是数控系统与用户之间的桥梁，其设计直接影响着系统的易用性、操作效率和用户体验。随着科技的进步和应用需求的提升，用户对于界面的期望也日益增加，因此，用户界面图形化成为自动化技术发展的必然趋势。

（1）图形用户界面（GUI）的引入极大地方便了非专业用户对自动化系统的

使用。传统的命令行界面对于非专业用户来说存在一定的学习门槛，而图形用户界面则通过直观的窗口、菜单和图形按钮等元素，使得用户可以更加轻松地操作。GUI 的使用不仅提高了用户的工作效率，还降低了用户的学习成本，使得更多的人能够轻松上手，从而促进了自动化技术的普及和应用。

（2）图形用户界面为用户提供了丰富的功能和交互方式。用户可以通过简单的鼠标点击和拖拽操作，完成复杂的任务和编程工作。例如，用户可以通过界面进行蓝图编程和快速编程，实现对自动化系统的灵活控制和调整。同时，图形用户界面还支持三维彩色立体动态图形显示，使得用户可以直观地观察系统状态和工艺过程，提高了系统的可视化程度和操作的直观性。此外，图形用户界面还支持图形模拟、动态跟踪和仿真等功能，能够帮助用户更好地理解系统运行机理和优化生产流程。

（3）图形用户界面还具有一些高级的功能和特性，如不同方向的视图和局部显示比例缩放功能。这些功能使得用户可以根据自己的需求自由地调整界面的显示方式和内容，更好地适应不同的操作场景和工作需求。同时，用户还可以根据实际情况对界面进行个性化设置，以提高用户的工作效率和舒适度。

3. 内装高性能 PLC

具有自动化技术功能的内装高性能可编程逻辑控制器（PLC），对于提高自动化系统的智能化水平、灵活性和其他性能表现具有重要意义。内装高性能 PLC 的出现为数控系统带来了许多优势和创新，其功能和特性的不断提升将进一步推动自动化技术的发展。

（1）内装高性能 PLC 的控制模块具有强大的编程和逻辑功能。用户可以采用梯形圈或高级语言进行编程，实现对自动化系统的灵活控制和调节。与传统的硬连线控制相比，PLC 的编程方式更加直观和灵活，可以根据实际需求进行在线调试和在线帮助，可大大提高系统的调试效率和操作便捷性。

（2）内装高性能 PLC 的编程工具可提供丰富的标准用户程序实测，为用户提供一个便捷的开发平台。用户可以直接使用标准 PLC 用户程序进行实测，并在此基础上进行编辑和修改，快速建立符合自身需求的应用程序。这种模块化的设计和开发方式极大地降低了开发成本和周期，同时也提高了系统的可维护性和可扩展性。

（3）内装高性能 PLC 还具有良好的兼容性和通信能力。它可以与其他设备和系统进行无缝连接和数据交换，实现信息共享和协同控制。通过网络通信和数据采集，内装高性能 PLC 可以实现远程监控和远程操作，为用户提供更加便捷和高效的管理手段。

4. 插补和补偿方式多样化

在现代自动化系统中，多种插补方式和补偿功能被广泛应用，为工业生产带来了更高的灵活性和可靠性。

（1）多样化的插补方式为自动化系统的加工提供了更多选择。直线插补、圆弧插补、圆柱插补等传统的插补方式已经得到广泛应用，而新兴的插补方式如空间椭圆曲面插补、螺纹插补、极坐标插补等则进一步丰富了加工方式的多样性。这些插补方式可以根据具体的加工需求和工件特性进行选择，从而更好地满足不同行业和领域的加工需求，提高加工的灵活性和适用性。

（2）多样化的补偿功能为自动化系统的精度控制和质量保障提供了有效手段。间隙补偿、垂直度补偿、象限误差补偿等补偿功能可以有效地修正加工中存在的误差和偏差，保证加工件的尺寸精度和几何形状的准确性。同时，螺距和测量系统误差补偿、与速度相关的前馈补偿、温度补偿等功能可以在加工过程中实时地监测和调整加工参数，保证加工的稳定性和一致性，从而提高加工的质量和稳定性。

5. 多媒体技术应用

多媒体技术在自动化领域的应用是当前自动化技术发展的重要方向之一，它综合计算机、声音、图像和视频等多种信息形式，为自动化系统的功能拓展和性能提升提供了广阔的空间。在数控技术领域，多媒体技术的应用具有诸多优势和潜力，可以极大地提高自动化系统的信息处理能力、智能化水平和实时监控效率。

（1）多媒体技术使得信息处理变得更加综合化和智能化。通过将声音、文字、图像和视频等不同形式的信息进行综合处理和分析，自动化系统可以更全面地感知和理解生产过程中的各种参数和状态，从而实现对生产过程的全方位监控和控制。例如，在实时监控系统中，多媒体技术可以实现对生产设备运行状态、温度、压力等参数的多维度监测和分析，为生产过程的实时调节和优化提供可靠的数据支持。

（2）多媒体技术在生产现场设备的故障诊断和维护方面发挥着重要作用。通过多媒体技术，可以对设备运行过程中的异常情况进行实时监测和诊断，及时发现和排除设备故障，避免生产线停机和生产损失。例如，利用视频监控和图像识别技术，可以对设备的运行状态进行实时监测和分析，发现异常情况并及时进行报警和处理，保障生产线的稳定运行和生产效率的提升。

（3）多媒体技术还可以实现对生产过程参数的智能化监测和控制。通过对生产过程中的各种参数和状态进行多维度分析和建模，可以实现对生产过程的智能化调节和优化。例如，利用声音和图像识别技术，可以实现对产品质量的在线监测和检测，及时发现产品缺陷并进行修正，保障产品质量的稳定和提升。

（三）自动化技术体系结构的发展

1. 集成化发展

自动化技术体系结构的集成化发展，旨在通过采用先进的集成电路技术和封装与互连技术，提高自动化系统的集成度、性能、可靠性和成本效益。这一发展方向对于推动自动化技术的进步，提升工业生产的效率和质量具有重要意义。

（1）采用高度集成化的处理器和可编程集成电路能够显著提升数控系统的集成度和运行速度。高度集成的 CPU、RISC 芯片以及 FPGA、EPLD、CPLD 等可编程集成电路，具有更强大的计算和逻辑处理能力，能够在更小的空间内实现更多的功能，从而提高自动化系统的整体集成度。这些集成电路的运用也可使系统在软硬件运行速度方面得到有效的提升，进一步增强系统的性能和响应速度。

（2）采用 LED 平板显示技术可以有效提升显示器性能，进一步推动自动化技术体系结构的集成化发展。LED 平板显示器具有科技含量高、体积小、功耗低等优点，能够实现超大尺寸的高清显示，为自动化系统提供更加清晰、直观的操作界面和监控显示。这种先进的显示技术的应用不仅可以提升系统的用户体验，也有助于提高系统的可视化程度和操作效率。

（3）采用先进的封装和互连技术能够进一步提高集成电路的密度和性能，并降低产品成本。通过优化封装和互连工艺，减少集成电路的尺寸和互连长度，可以实现更高的集成度和更小的组件尺寸，从而降低产品的制造成本。同时，这种技术的应用也有助于改进系统的性能和提高系统的可靠性，为自动化技术的应用和推广提供更加可靠和经济的解决方案。

2. 模块化发展

自动化技术体系结构的模块化发展，旨在通过将硬件和软件功能分解为相互独立的模块，从而实现系统的标准化、集成化和定制化。模块化设计可以有效地提高系统的灵活性、可维护性和可扩展性，同时降低系统的开发成本和维护成本，对于推动自动化技术的发展和应用具有重要意义。

（1）硬件模块化的实现使得数控系统能够更加轻松地实现集成化和标准化。通过将数控系统的各种功能模块，如 CPU、存储器、位置伺服、PLC、输入输出接口、通讯等模块，设计为相互独立的标准化产品，可以实现模块的互换和组合，从而构建出不同功能和性能的数控系统。这种模块化设计的灵活性和可扩展性使得数控系统能够更好地适应不同的应用场景和需求，同时也为系统的快速定制和部署提供便利。

（2）模块化设计可以实现对系统功能的灵活裁剪和定制。由于数控系统的不同应用场景和需求具有差异性，采用模块化设计可以根据具体的功能需求，选择合适的模块进行组合和配置，从而实现系统功能的定制化。通过积木式的组装方式，用户可以根据自己的需要灵活地增减模块数量，构建出符合自身需求的数控系统，从而提高系统的适用性和可用性。

（3）模块化设计还有利于提高系统的可维护性和可扩展性。由于模块化设计将系统功能分解为相互独立的模块，因此可以更加方便地对系统进行维护和升级。当系统中的某个模块出现故障或需要更新时，只须替换或升级相应的模块，而无须对整个系统进行重大改动，可大大降低维护成本和时间成本。同时，模块化设计也为系统的功能扩展提供了可能，通过添加新的模块或对现有模块进行改进，可以实现系统功能的不断拓展和增强。

3. 网络化发展

自动化技术体系结构的网络化发展，旨在通过建立网络连接和数据交换的机制，实现设备之间的互联互通，进而实现远程控制、智能化管理和无人化操作。

机床联网作为网络化发展的重要组成部分，在工业生产领域具有广泛的应用前景和重要意义。

（1）机床联网实现了远程控制和无人化操作的可能。通过建立网络连接，用户可以在任何时间、任何地点通过互联网对机床进行远程控制和监控，实现对生产过程的实时监控和远程操作。这种远程控制的方式不仅提高了生产效率和灵活性，还减少了人力资源的浪费和降低了操作风险，对于提升生产自动化水平和降低生产成本具有重要意义。

（2）机床联网实现了机床之间的信息共享和协同生产。通过建立网络连接，不同机床之间可以实现数据的实时共享和交换，实现工艺参数、加工程序和生产计划等信息的共享和协同，从而实现生产过程的优化和协调。这种信息共享和协同生产的方式能够有效地提高生产效率、缩短生产周期，同时也有助于减少生产过程中的错误，提高产品质量和稳定性。

（3）机床联网还能够实现生产过程的智能化管理和优化调度。通过建立网络连接，可以将机床与生产管理系统相连接，实现对生产过程的实时监控和数据分析，从而实现对生产过程的智能化管理和优化调度。这种智能化管理和调度方式能够根据实时生产数据和需求变化进行调整，提高生产资源的利用率和生产效率，降低生产成本和能源消耗。

第二节　机械自动化技术体系的结构

"我国工业正处于蓬勃发展阶段，在工业行业合理应用机械自动化技术有助于提高工业生产水平，节约资源，有助于企业生产效率以及经济效益的提升。"[①]机械自动化技术涉及自动化过程相关的三个领域，即自动化系统集成技术、自动化器件单元技术和自动化理论技术体系。

一、自动化系统集成技术

自动化系统集成技术作为机械自动化技术体系中的核心组成部分，涉及自动

---

①许阳．机械自动化技术在工业生产中的运用［J］．河北农机，2023（8）：96-98．

化系统设计、组成、应用等多个方面。在自动化系统集成技术的研究中，首要任务是厘清自动化系统的设计方法、原则、内容和流程，以确保系统的高效运行和可靠性。

首先，在自动化系统集成技术的研究中，设计方法和原则起着至关重要的作用。设计方法是指在系统设计过程中所采用的一套规范化、系统化的方法论，旨在实现系统功能的最优化配置。然而，设计原则是在系统设计过程中所遵循的一系列基本准则和规范，例如系统的稳定性、可靠性、可维护性等。通过科学合理地选择和应用设计方法和原则，可以有效提高自动化系统的设计效率和质量。

其次，自动化系统集成技术需要关注自动化器件的选择与应用。自动化器件是构成自动化系统的基本组成部分，其选择和应用直接影响到系统的性能和功能。因此，在进行自动化系统集成时，需要对各种自动化器件进行全面的评估和分析，包括传感器、执行器、控制器等，以确保其能够满足系统设计的要求和性能指标。

再次，自动化系统集成技术还需要重视自动化器件之间的相互电气接口和设计方法。自动化系统中的各个器件往往需要相互配合和协调工作，因此其电气接口的设计至关重要。合理设计电气接口可以有效降低系统的集成难度和成本，提高系统的稳定性和可靠性。同时，还需要研究并探索各种自动化器件的设计方法，以确保其在系统集成过程中能够实现良好的兼容性和互操作性。

最后，自动化系统集成技术的研究还需要关注系统的安全性和可靠性。自动化系统往往涉及生产过程中的重要环节和关键任务，因此其安全性和可靠性是至关重要的。在进行自动化系统集成时，需要充分考虑系统的安全性设计和故障诊断与处理技术，以确保系统在运行过程中能够及时发现并解决各种潜在问题，保障生产过程的安全和稳定。

二、自动化器件单元技术

自动化器件单元技术作为机械自动化技术体系中的重要组成部分，其研究范畴涵盖了自动化器件的原理、组成结构以及典型应用等方面。在工业自动化领域，自动化器件单元技术的发展与应用对于提高生产效率、降低成本、提升产品质量和实现智能制造具有重要意义。

首先，检测技术作为自动化器件单元技术的重要组成部分，其发展方向主要体现在两方面：第一，传感器技术的发展。传感器作为检测技术的核心组件，其性能的提升和多样化应用是当前的研究热点。随着 MEMS 技术的不断成熟和微纳加工技术的发展，微型化、集成化和智能化的传感器将成为未来的发展趋势；第二，检测技术的多元化和高精度化。例如，光电传感器、压力传感器、温度传感器等的应用范围将不断拓展，并且在测量精度和响应速度上将有进一步提升，以满足工业生产中对于高精度、高可靠性的检测需求。

其次，驱动技术是自动化器件单元技术中的另一个关键领域，其发展趋势主要体现在两方面：第一，电机驱动技术的发展。随着电机控制技术的不断进步和电力电子器件技术的发展，各种高性能、高效率的电机驱动系统将得到广泛应用，例如，无刷直流电机（BLDC）、步进电机、伺服电机等；第二，驱动技术的智能化和集成化，即将驱动器与控制器进行集成设计，实现智能化控制和系统集成，从而提高驱动系统的效率和可靠性，降低能源消耗和维护成本。

最后，控制技术是自动化器件单元技术中的核心内容，其发展趋势主要体现在三方面：第一，控制算法的优化和智能化。随着人工智能和机器学习技术的不断发展，各种先进的控制算法将被应用于自动化系统中，以实现对于复杂系统的智能控制和优化调度；第二，控制器硬件的升级和集成化。例如，嵌入式控制器、工业级 PLC 等的应用将成为未来的发展趋势，以满足工业生产对于高性能、高可靠性控制系统的需求；第三，网络化控制技术的发展。随着工业互联网的不断普及和 5G 技术的应用，工业控制系统将实现对远程监控和智能化调度的支持，以适应复杂多变的工业生产环境。

三、自动化理论技术体系

自动化理论技术体系作为机械自动化技术体系的核心组成部分，涵盖了多个交叉学科领域的技术理论和方法，对自动化系统及其器件的研究和应用起着至关重要的作用。在机械自动化技术体系中，自动化理论技术体系主要包括智能控制技术、电气伺服驱动技术、微电子传感技术、控制器单元技术、网络总线技术和人机界面组态技术等六个方面。

第一，智能控制技术是自动化系统中的重要组成部分，旨在实现系统的智能化运作。在智能控制技术方面，包括 PID 控制、模糊控制技术和自适应与自整定技术等方法。PID 控制是一种经典的反馈控制方法，通过调节比例、积分和微分系数，实现对系统的稳定控制。模糊控制技术则是一种基于模糊逻辑的控制方法，能够处理系统的非线性和模糊性。自适应与自整定技术则是针对系统参数变化和环境变化的自适应控制方法，能够实现系统的自适应调节和自我修正。

第二，电气伺服驱动技术是实现自动化系统高效运行的关键技术之一，主要应用于驱动器件的数字化控制领域。电气伺服驱动技术涵盖了步进电机驱动技术、变频驱动技术和伺服驱动技术等多种方法。其中，步进电机驱动技术通过控制步进电机的步进角和脉冲频率，实现对电机的精确位置控制；变频驱动技术则是通过调节电机的供电频率和电压，实现对电机转速的精确控制；伺服驱动技术的工作原理是采用闭环控制方法，通过传感器对电机位置和速度进行反馈，实现对电机的高精度控制。

第三，微电子传感技术在自动化系统中起着至关重要的作用，主要用于实现对系统的检测与测量。微电子传感技术包括单片机 MCU、DSP 和 FPGA 等微电子器件的应用，以及现代的 ARM 微处理器与片上系统 SOC 的集成化技术。这些技术的应用，使得自动化系统实现更加精确和高效地测量和控制，从而提高系统的性能和稳定性。

第四，控制器单元技术是自动化系统中控制器模块化的重要技术手段，能够实现对系统功能模块的分离和集成。控制器单元技术包括二次仪表、PLC、DDC、NC、DCS、FCS 和 IPC 等多种控制单元技术，每种技术都有其独特的应用领域和特点，能够满足不同自动化系统的需求。

第五，网络总线技术是自动化系统中实现设备间通信和数据传输的重要技术手段，能够实现设备之间的信息交换和共享。网络总线技术包括现场总线 PRO-FIBUS-DP、FF、CAN、工业以太网络和无线网络技术等多种方法，每种方法都有其适用的场景和优势，能够满足不同自动化系统的通信需求。

第六，人机界面组态技术是自动化系统中实现用户与系统交互的重要技术手段，能够实现系统的个性化和智能化。人机界面组态技术包括工业生产制造系统的设备控制技术、车间调度控制技术和企业远程资源管理技术等多种方法，每种方法都有其特定的应用场景和功能，能够为用户提供便捷的操作界面和智能化的管理功能。

第三节 机械自动化器件的技术要求

一、机械自动化器件的应用分类

"自动化技术和机械制造的融合促进了机械自动化技术得到快速的发展，对于机械工业的发展起着至关重要的作用。"[1] 自动化系统中的自动化器件成千上万，不同的自动化系统中的自动化器件也不相同，自动化器件的应用主要分为以下几个方面：

（一）自动化控制类器件

自动化控制类器件是工业自动化测量控制系统的核心，它们为工业自动化测量控制系统功能的实现提供了基础。自动化控制技术作为制造业实现自动化、柔性化、集成化的基石，对提高产品质量和提升劳动生产率起到了不可或缺的作用。自动化控制类器件主要包括仪表控制器、智能仪表控制器、PLC、数控系统以及计算机控制系统等。

当前，传统生产制造系统正逐渐被高效率、高精度的自动化机械装备所取代，这些装备正朝着集成化、高性能、系统化、高速度、大容量、网络化、模块化、智能化和软件化的方向发展。这一趋势不仅提升了生产效率，还促进了制造业的转型升级，使其更加适应现代化生产的需求。

1. 自动化控制类器件的作用

自动化控制类器件在工业生产和设备运行中发挥着至关重要的作用，其主要功能是根据预先设定的参数输入或实时控制输入，对生产过程和设备进行调节和控制，以维持特定的物理量（如温度、压力、位置、速度等）在规定范围内或按照特定规律进行变化。这些控制器件在各种控制系统中起着关键作用，可以根

---

①徐萌.机械自动化技术在机械制造中的应用探究[J].中国金属通报,2023(3):80-82.

据反馈机制的不同分为开环控制系统、闭环控制系统和半闭环控制系统。

（1）开环控制系统是一种基本的控制方式，其中系统的输出量并不对系统进行反馈调节。换句话说，系统中不存在反馈回路来调整控制输入。开环控制系统主要由给定器件、放大器件、执行器件和被控对象等单元组成。这种控制方式简单直接，但控制精度有限，因为信号只能单向传递，从给定值到被控量。开环控制系统无法自动补偿外界干扰或系统参数变化对被控量的影响。例如，数控线切割机的进给系统和包装机通常采用开环控制系统。

（2）闭环控制系统是一种更为复杂和精密的控制方式，其中系统的输出量通过反馈回路对系统进行调节。闭环控制系统通常由给定器件、比较器件、运算放大器件、执行器件、被控对象和测量器件等单元组成。通过将被控对象的实际输出与预期输出进行比较，闭环控制系统可以自动调整控制输入，使系统稳定在期望状态。这种反馈机制可以有效地抵消外界干扰和系统参数变化的影响，提高系统的稳定性和精度。

（3）半闭环控制系统介于开环控制系统和闭环控制系统之间，其局部输出量对系统进行控制，而不是整个系统的最终输出量。这种控制方式在成本和性能之间寻找平衡，因为它可以通过部分反馈来提高系统的稳定性和精度，同时避免了闭环控制系统所需的全部反馈机制的复杂性和成本。半闭环控制系统在自动化控制系统中较为常见，特别是在需要一定精度但又要考虑成本的情况下。

2. 自动化控制类器件的组成

自动化控制类器件的组成涵盖了控制系统中各个关键部分，这些部分共同协作，以实现自动化控制系统对生产过程和设备的精确调节和控制。在控制系统中，控制器件扮演着核心角色，负责对信息进行分析和控制，以实现系统的稳定运行和期望输出。

（1）被控对象是控制系统中需要控制运动规律或状态的装置或器件，也称为控制对象。被控对象的状态通过控制器件的调节来实现特定的控制目标。

（2）控制器是控制系统中除被控对象以外的所有装置的统称，它负责发出控制执行指令，协调各部件的运行，为各部件提供控制信号，以实现系统的自动调节和控制。

（3）给定器件是控制系统中用于产生给定信号或指令信号的器件，它确定了被控对象需要达到的目标状态或运动规律。

（4）反馈器件（测量器件）用于测量被控对象的输出量，产生反馈信号，反映被控对象的实际状态。这些反馈信号与输出量之间往往存在确定的函数关系，通过与给定信号进行比较，可以得到偏差值，用于调节控制器的输出。

（5）被控量是表征被控对象运动规律或状态的物理量，实质上就是系统的输出量，它受到控制器件的调节和控制，以实现预期的控制目标。

（6）指令值是期望的被控对象运动规律或状态的物理量，也被称为参考输入，它由给定器件产生，作为控制器件的输入信号，用于指导控制系统的运行。

（7）偏差是系统的输入量与反馈量之间的差异或和，也就是比较环节的输出值，它反映了实际输出与期望输出之间的差距，用于调节控制器的输出。

（8）控制量是被控对象的输入量，通常由偏差值决定，它是控制器件输出的控制信号，用于调节被控对象的运行状态，使其逐渐趋向于期望状态。

（二）自动化执行类器件

自动化执行类器件是工业机器人、CNC 机床、各类自动机械、计算机外围设备、办公室设备、车辆电子设备、医疗器械、各类光学装置以及家用电器（如音响设备、录音机、摄像机、电冰箱等）等自动化系统或产品中不可或缺的驱动执行部件。它们是工业自动化控制系统实现丰富功能的基础。这些执行器件在自动化系统中发挥着至关重要的作用，例如数控机床的主轴转动、工作台的进给运动，以及工业机器人手臂的升降、回转和伸缩运动等动作的执行，都离不开这些部件。

执行器件作为自动化技术中的关键装置，能够接收控制信息并对被控对象施加相应的控制作用。它是工业自动化控制系统的最终执行者，位于机械运行机构与微电子控制装置之间，起到能量转换的作用。在微电子装置的控制下，执行器件能够将输入的各种形式的能量转换为机械能。例如，电机、电磁铁、继电器、液动机、油/气缸、内燃机等设备，能够分别将输入的电能、液压能、气压能和化学能转换为机械能，从而驱动相应的机械部件进行工作。

由于执行器件的标准化和系列化生产，使得在设计自动化系统时，可以方便地将其作为标准件进行选用。这不仅可提高设计效率，也可降低生产成本，为工业自动化控制系统的广泛应用提供有力支持。

1. 自动化执行类器件的作用

自动化执行类器件作为自动化控制系统中的重要组成部分，其作用主要在于根据控制器的指令输入或控制输入进行调节和执行特定的操作。这些器件通过控制装置自动完成对生产机械或设备的及时控制和调整，以实现对某些物理量的稳定维持或按照规定的变化规律进行调节，从而抵消外界的扰动和影响，确保系统运行在稳定的状态下。

自动化执行类器件承担了根据控制器指令进行调节和执行的任务。这些器件接收来自控制器的参考指令或控制输入，根据其要求对生产机械或设备进行调整，以保持特定物理量的恒定或按照一定规律进行变化。这些器件在生产过程中起到了及时调节的作用。通过对生产机械或设备的及时控制和调整，自动化执行类器件能够快速响应外界的变化和扰动，保持系统运行在稳定的工作状态下，以提高生产效率和产品质量。

举例来说，液压伺服系统中的液压阀门可以根据控制器的指令对液压系统的压力进行调节，以确保压力稳定在设定的范围内；而在机械平台的控制中，伺服电机可以根据控制器的指令调整转速，以保持机械平台的运动速度稳定。

2. 自动化执行类器件的分类

根据使用能量的不同，可以将执行器件分为电动式、液压式和气压式等类型。电动式是将电能变成电磁力，并用该电磁力驱动运行机构进行运动；液压式是先将电能变换为液压能并用电磁阀改变压力油的流向，从而使液压执行器件驱动运行机构进行运动；气压式与液压式的原理相同，只是将介质由油改为气体而已。

（1）电动式执行器件。电动式执行器件包括控制用电机（步进电机、DC 伺服电机和 AC 伺服电机）、磁致伸缩器件、压电元件、超声波电机及电磁铁等。其中，利用电磁力的电机和电磁铁，因其实用、易得而成为常用的执行器件。电机调速技术是集微型计算机控制技术、电力电子技术和电气传动技术于一体的高新技术。控制用电机是电气伺服控制系统的动力部件，是将电能转换为机械能的一种能量转换装置。由于其可在很宽的速度和负载范围内进行连续、精确的控制，因此在各种自动化系统中得到了广泛的应用。

电机是实现机械运动的最重要自动化元件之一，是依据电磁感应定律实现电能转换或传递的一种电磁装置。在电路中，电机用字母 M 表示。它的主要作用是产生驱动转矩，实现旋转运动，可作为用电器或各种机械的动力源。电机种类非常多，分类方法也很多，应用非常广泛。

第一，按工作电源种类划分，可分为直流电机和交流电机。直流电机按结构及工作原理可分为无刷直流电机和有刷直流电机。其中，有刷直流电机可分为永磁直流电机和励磁直流电机；永磁直流电机分为稀土永磁直流电机、铁氧体永磁直流电机和铝镍钴永磁直流电机；励磁直流电机分为串励直流电机、并励直流电机、他励直流电机和复励直流电机。交流电机可分为单相电机和三相电机或异步电机和同步电机。

第二，按结构和工作原理划分，可分为同步电机、异步电机。同步电机可分为永磁同步电机、磁阻同步电机和磁滞同步电机，同步电机的转子转速与负载大小无关而始终保持同步转速；异步电机可分为交流伺服电机、三相异步电机、单相异步电机和罩极异步电机等，异步电机的转子转速总是略低于旋转磁场的同步转速。

第三，按用途划分，可分为驱动用电机和控制用电机。驱动用电机可分为电动工具（包括钻孔、抛光、磨光、开槽、切割、扩孔等工具）用电机、家电（包括洗衣机、电风扇、电冰箱、空调、录音机、录像机、影碟机、吸尘器、照相机、电吹风、电动剃须刀等）用电机及其他通用小型机械设备（包括各种小型机床、小型机械、医疗器械、电子仪器等）用电机。控制用电机可分为步进电机和伺服电机等。伺服电机有力矩电机、变频调速电机、开关磁阻电机和各种 AC/DC 电机等。

第四，按转子的结构划分，可分为笼型感应电机和绕线转子感应电机。

第五，按运转速度划分，可分为高速电机、低速电机、恒速电机、调速电机。低速电机又分为齿轮减速电机、电磁减速电机、力矩电机和同步电机等。

第六，按调速电机划分，除可分为有级恒速电机、无级恒速电机、有级变速电机和无级变速电机外，还可分为电磁调速电机、直流调速电机、PWM 变频调速电机和开关磁阻调速电机。

（2）液压式执行器件。液压式执行器件主要包括往复运动的油缸、回转油缸、液压马达等，其工作原理是利用液体（通常是液压油）的流动和压力传递来实现运动控制。在液压系统中，液压泵将液压油压力增大后送入液压执行器件中，通过控制液压阀门的开关，可以实现液压缸的伸缩运动或液压马达的转动。液压式执行器件具有功率密度大、过载能力强、适应重载和高速减速驱动的优点，适用于对动力输出要求较高的场合，如飞机、火箭上的运行机构。

（3）气压式执行器件。气压式执行器件则是利用压缩空气作为工作介质的执行器件，典型代表有气缸、气压马达等。在气压系统中，通过压缩机将空气压缩后送入气动执行元件中，利用空气的膨胀和压力释放来实现机械运动。气压执行器件具有驱动力大、行程和速度可调节等优点，适用于需要大功率输出和快速运动的场合。然而，由于空气具有可压缩性和黏性较差的特点，因此气压式执行器件在定位精度要求较高的场合并不适用，例如需要精确定位和控制的自动化系统中。

（三）自动化传感器件

1. 光电传感器

光电检测技术以激光、红外、光纤等现代光器件为基础，通过对载有被检测物体信号的光辐射（发射、反射、散射、衍射、折射、透射等）进行检测，即通过光电检测器件接收光辐射并转换为电信号。由输入电路、变送器放大滤波等检测电路提取有用的信息，再经过 A/D 变换接口输入微型计算机或 PLC 或智能仪表，进行运算、处理，最后显示或打印输出所需检测物体的几何量或物理量。光电传感器具有响应快、性能可靠、能实现非接触测量等优点，因而在检测和控制领域获得广泛应用。

（1）光电传感器的分类。光电传感器作为一种重要的传感器件，根据不同的分类标准，可以分为多种类型，每种类型都具有特定的检测原理和应用场景。

第一，按照检测原理的不同，光电传感器可分为外光电效应、内光电效应和光电导效应三种类型。外光电效应主要发生在金属和金属氧化物等材料中，当这些材料受到光照时，会向外发射电子，产生光电流。而内光电效应则主要发生在半导体材料中，当半导体受到光照时，光电子主要在物质内部产生，不会逸出物体表面。光电导效应是半导体受到光照后，在内部产生光生载流子，使半导体的电阻减少的现象，通常应用于光电导器件中。

第二，按照检测方式的不同，光电传感器可分为主动系统和被动系统。主动系统是指传感器主动发射光信号并接收返回的光信号，根据接收到的光信号进行信息处理；而被动系统则是指传感器只接收外界环境中已有的光信号，并进行相应的检测和处理。

第三，根据光源波长的不同，光电传感器可分为红外系统和可见光系统。红外系统主要用于检测红外光信号，适用于隐蔽性较高或者光照条件较差的环境；而可见光系统则是指用于检测可见光信号的传感器，通常应用于光线较好的环境。

第四，根据接收系统的不同，光电传感器可分为点探测系统和面探测系统。点探测系统是指传感器只能对光线进行点状的检测，适用于需要精确检测某一点位置的应用场景；而面探测系统则可以对光线进行面状的检测，适用于需要对整个区域进行检测的应用场景。

第五，根据调制和信号处理方式的不同，光电传感器可分为模拟系统和数字系统。模拟系统是指以传感器输出的信号为模拟信号，需要经过模拟处理电路进行处理；而数字系统则是指以传感器输出的信号为数字信号，可以直接进行数字化处理，适用于对信号处理精度要求较高的应用场景。

第六，根据光波对信号的携带方式的不同，光电传感器可分为直接检测系统和相干检测系统。直接检测系统是指传感器直接检测光波对应的信号，适用于一般的光学检测应用；而相干检测系统则是指传感器利用光波的相位信息进行信号检测，通常应用于需要高精度和高灵敏度的光学检测中。

（2）光电传感器的应用。光电传感器作为一种重要的光敏器件，在多个领域都有广泛的应用，其特点包括体积小、功能多、寿命长、精度高、响应速度快、检测距离远以及抗光、电、磁干扰能力强等。这些特性使得光电传感器在各种工业和生活应用中发挥着重要的作用。

在工业生产领域，光电传感器可用于检测直接引起光强变化的非电量，例如光强、辐射测温以及气体成分分析等。通过光电传感器对这些非电量的敏感检测，可以实现工业生产过程中的自动化控制和监测。例如，在化工生产中，光电传感器可以用于监测管道中液体或气体的液位或流量，以及监测反应槽中的温度变化，从而实现对生产过程的实时监控和调节。

在家用器件领域，光电传感器也有着广泛的应用。例如，红外测距传感器被广泛应用于数码相机和数码摄像机中，用于实现自动对焦和亮度检测功能。此外，光敏二极管和光敏三极管也被应用于可视对讲机和可视电话中，用于图像的获取和传输。这些光电传感器的应用使得家用器件具有更智能化和便捷化的特性，以提升用户体验。

在办公商务领域，光电传感器同样发挥着重要作用。例如，线阵 CCD 被广泛应用于扫描仪中，用于文档的高效扫描和数字化处理。同时，红外传感器也被用于数据传输中，实现了办公设备的智能化和高效化。

尽管光电传感器具有诸多优点，但在实际应用中仍须避免一些特定场合，以免光电传感器产生误动作。例如，在灰尘较多或存在水、油、化学品飞溅的场所，光电传感器易受到外界干扰，可能导致误动作；在户外强光直射或存在反射物体的场所，也会影响光电传感器的正常工作。此外，温度变化超出规定范围或在安装面粗糙的场所也会影响光电传感器的性能，因此在选择安装位置和环境时需要谨慎考虑。

2. 光栅传感器

随着电子技术和单片机技术的飞速发展，光栅传感器在位移测量系统中的应用愈发广泛，并逐步向智能化方向转化。在当前的精密数控机床和精密位移测量领域，光栅尺已成为主流的测量传感器，它可以直接与二次仪表相连，实现位移测量结果的实时显示。光栅尺的测量精度直接决定了整个测量系统的精度水平。该测量系统通过结合光栅移动产生的莫尔条纹与电子电路技术，实现了对位移量的自动测量。这一系统不仅具备判别光栅移动方向的能力，还具备自动定位控制、过限报警、自检和掉电保护以及误差修正等多项功能，从而可以大大提高测量的准确性和可靠性。

光栅是一种特殊的光学元件，其基体上刻制有等间距均匀分布的条纹。在位移测量中，光栅式数字位移传感器所使用的光栅被称为计量光栅。在检测过程中，光栅通过对载有被检测物体信号的光进行衍射或透射，进而通过光电检测器件接收这些光辐射并将其转换为电信号。

光栅传感器作为一种将莫尔条纹光信号转换成电信号的光敏器件，在检测直接引起光强变化的非电量方面发挥着重要作用。它可以用于长度、角度、位移、速度、加速度等多种物理量的测量。由于光栅传感器具有响应迅速、性能稳定可靠、能实现非接触测量等诸多优点，因此在工业自动化和精密测量等领域得到了广泛应用。

（1）光栅传感器的分类。光栅传感器根据其工作原理和用途的不同，可以进行多方面的分类。

按照工作原理的不同，光栅传感器可分为物理光栅和计量光栅两大类。物理光栅主要利用光的衍射现象，常用于光谱仪器中，作为色散元件，用于光波长的分析和测量。而计量光栅则被广泛应用于精密测量和精密机械的自动控制中，用于实现对几何量的高精度测量。

在几何量精密测量领域内，光栅按其用途可分为长光栅和圆光栅两类。

长光栅是刻画在玻璃尺上的光栅，其条纹密度可根据需要选择，常见的有 25 线/mm、50 线/mm、100 线/mm 和 250 线/mm 等。长光栅主要用于测量长度或直线位移，具有高精度和稳定性。根据栅线形式的不同，长光栅又可分为黑白光栅和闪耀光栅两种。黑白光栅是对入射光波的振幅或光强进行调制的光栅，常用于振幅光栅或幅值光栅，透射长光栅属于黑白光栅的一种。而闪耀光栅则是对入射光波的相位进行调制的光栅，也称为相位光栅。在长度测量中，通常采用对称型线槽的闪耀光栅，其栅线密度常在 600 线/mm 以上。

圆光栅是被刻画在玻璃圆盘上的光栅，也称为光栅盘，主要用于测量角度或角位移。圆光栅的栅距角，即栅线所夹的角度，是其重要参数之一，用于表征圆光栅的分辨率和精度。此外，圆光栅的栅距 W，指的是栅线内端之间的距离，而栅线的宽度在全长上一致，因此栅线外端的缝宽会相应增大。

（2）光栅传感器的组成。光栅传感器作为一种重要的光电传感器，在其组成中包含了多个关键部件，这些部件共同协作以实现对光信号的精确测量和转换。典型的光栅传感器通常由光源、光栅副（包括主光栅和指示光栅）、光电接收器件（如光电池和光敏三极管）以及放大器等组成。

光源，是光栅传感器的重要组成部分之一，其主要作用是提供光源以照射到待测物体表面。光源一般采用钨丝灯泡，其输出功率较大，工作范围广，但在机械振动冲击条件下容易导致使用寿命较短。随着半导体发光器件的发展，新型光源如砷化镓发光二极管也被广泛应用。这些新型光源输出功率较低，但与光电接收器件结合后，具有更高的转换效率。

光栅副，是光栅传感器中的关键部件之一，主要由主光栅和指示光栅组成。主光栅一般刻画在长方形的光学玻璃上，其栅线形成了规则的明暗线条，栅距是光栅的重要参数之一。指示光栅通常比主光栅短，刻有与主光栅同样密度的线纹，用于辅助测量和校准。

光电接收器件，是光栅传感器的核心部分之一，用于将光信号转换成电信号进行后续处理。光电接收器件包括光电池和光敏三极管等，其选用需根据所采用的光源类型和波长进行匹配，以确保传感器具有较高的转换效率和灵敏度。

除了上述主要组成部件外，光栅传感器中还常常配备放大器等辅助电路，用于放大输出信号以提高信噪比和系统的稳定性。这些组成部件共同作用，构成了光栅传感器的完整系统，广泛应用于工业自动化、精密测量和机械控制等领域，并发挥着重要的作用。

（3）光栅传感器的基本应用。光栅传感器作为一种高精度、高性能的光电传感器，在工业检测领域具有广泛的应用范围。其结构简单、体积小、功能多、寿命长、精度高、响应速度快等特点，使其在非接触测量领域表现出了独特的优势。

首先，光栅传感器在测量位移方面有着重要的应用。通过光栅传感器可以实现对目标物体位置的精确监测和测量，其基于莫尔条纹放大位移测量的原理，使其具有较高的测量精度和稳定性。光栅传感器可以应用于各种工业场景中，如机械制造、航空航天、汽车工业等领域，实现对机械部件位置的准确控制和监测。

其次，光栅传感器在测量速度方面也具有重要的应用。通过监测目标物体的运动情况，光栅传感器可以实现对速度的实时监测和测量。在需要精确控制运动速度的场合，光栅传感器可以发挥其优越的性能，确保运动过程的稳定性和精准性。例如，在高速列车、飞机等交通工具的运动控制系统中，光栅传感器可以实现对车辆速度的精确监测和控制，确保运行安全和稳定。

此外，光栅传感器具有抗干扰能力强、易于实现测量及数据处理自动化等优点，使其在工业检测领域得到了广泛的应用。光栅传感器可以实现动态测量，即在目标物体运动过程中实时进行数据采集和处理，保证测量结果的准确性和可靠性。同时，光栅传感器还具有抗振动、抗油污等特性，在恶劣环境下仍能正常工作，适用于各种复杂的工业场景。

3. 电感式位移传感器

电感式位移传感器利用电磁感应原理，将被测非电量转换成线圈自感系数或互感系数的变化，进而通过测量电路转换为标准信号的电压或电流的变化量输出，实现对位移、速度、加速度等物理量的测量。这种传感器具有抗污染能力强、测量范围大、精度高、线性度好、灵敏度高、性能稳定、工作可靠、寿命长、重复性好、分辨力高、响应速度快以及机械损失小等诸多优点。其结构简单，易于安装和维护，因此在检测和控制领域得到了广泛的应用。

（1）电感式位移传感器的分类。电感式位移传感器是一种常用的位移测量传感器，根据其转换原理和结构形式的不同，可以分为多种类型，包括自感式传感器和互感式传感器。

首先，自感式传感器根据其工作原理和结构形式的不同，可以进一步分为气隙式、变面积式和螺线管式自感式传感器。气隙式自感式传感器利用电感器和铁心之间的气隙来测量位移，具有高灵敏度的特点，但其非线性较为严重，且制造装配较为困难。变面积式自感式传感器的灵敏度相对较低，但具有较好的线性特性，适用于需要较大测量范围的情况。螺线管式自感式传感器具有较低的灵敏度和良好的线性特性，因而得到了广泛的应用。

其次，互感式传感器则是将被测的非电量变化转换为线圈互感量变化的传感器。互感式传感器采用差动形式连接次级绕组，根据变压器原理工作。根据其结构形式的不同，可以分为变隙式、变面积式和螺线管式互感式传感器。其中，螺线管式差动变压器是应用最为广泛的一种类型，常用于测量机械位移。

（2）电感式位移传感器的基本应用。电感式位移传感器在工业领域中的应用日益广泛，其优越的特性使其成为许多应用场合的理想选择。这种类型的传感器具有结构简单、体积小、功能多、寿命长、精度高、响应速度快以及抗光、电、磁干扰能力强等特点，使其在测量位移、速度等领域发挥着重要作用。

第一，电感式位移传感器适用于一些比较恶劣的环境条件下的测量。在钢铁行业、水利水电行业等环境恶劣的工作场所，差动变压器因其防护等级高而被广泛应用。尽管在电磁干扰比较敏感的应用中需要额外注意，但其在恶劣环境下的稳定性和可靠性仍然得到了验证。

第二，电感式位移传感器适用于环境温度变化较大的场合。由于差动变压器的动静线圈材料热膨胀系数接近，当环境温度变化时，两者按相同的规律变化，从而使得传感器的精度不受影响。这使得电感式位移传感器需要在宽温度范围内进行稳定测量的情况下具有优势。

第三，电感式位移传感器适用于需要长期稳定运行的场合。差动变压器的动静线圈不接触，因此没有磨损，且作为电磁耦合器件，使用寿命长且维护比较方便。这使得电感式位移传感器成为长期工作且需要稳定性高的应用场景的首选。

4. 电容式位移传感器

电容式位移传感器，以其电容器作为敏感元件，能够有效地将机械位移量转化为电容量变化，从而实现对位移的精确测量。在诸多优点中，其测量范围广泛、灵敏度高、响应速度快、机械损失小、结构简单且适应性强等特点尤为突出。然而，任何事物都有其两面性，电容式位移传感器也不例外。它在应用过程中，受到寄生电容的影响较大，且存在非线性输出的问题，这些都是在实际应用中需要注意和解决的方面。

（1）电容式位移传感器的分类。电容式位移传感器是一类常用于测量位移、液位、压力、振动、速度和加速度等物理量的传感器，根据其工作原理和结构特点，可以分为变极距式电容传感器、变面积式电容传感器和改变极板间介质的电容式传感器三大类。

首先，变极距式电容传感器是通过改变传感器电极之间的距离来调节电容值的。当测量目标发生位移时，电容式电极之间的距离会发生变化，进而导致电容值的变化。这种传感器可以设计成差动式，以提高测量精度。主要用于测量直线位移、液位、压力、振动、速度和加速度等物理量，具有测量范围广、响应速度快、精度高等特点。

其次，变面积式电容传感器是一种通过改变极板间有效面积来调节电容值的传感器。根据极板的形状不同，可分为平板式、扇形平板式、柱面板式和圆筒面式等多种类型。平板式和圆筒面式适用于测量直线位移，扇形平板式和柱面板式适用于测量角位移。这类传感器具有线性特性和测量范围宽的优点，但其灵敏度相对较低。

最后，改变极板间介质的电容式传感器则是通过改变极板间介质的高度来调节电容值的。在这种传感器中，电极之间的相对位置保持不变，通过改变介质的高度来实现电容值的调节。这种传感器主要用于测量液位和料位的高度，具有结构简单、使用方便等特点。

（2）电容式位移传感器的基本应用。电容式位移传感器作为一种广泛应用于工业领域的传感器，具有诸多优势，如结构简单、体积小、功能多、寿命长、精度高、响应速度快，以及抗光、电、磁干扰能力强等特点。这些特性使得电容式位移传感器在工业检测中的应用越来越广泛，其基本应用主要集中在位移和液位测量领域。

首先，电容式位移传感器广泛应用于测量线性位移。通过监测电容式传感器电极之间的距离变化，可以准确地获取被测物体的位移信息。这种传感器常用于工业机械设备中，用于监测机械零件的位置变化，实现精确的位置控制和调节。

其次，电容式位移传感器也被应用于液位测量领域。通过监测电容式传感器电极与液体之间的电容变化，可以准确地测量液体的液位高度。这种传感器常用于化工、食品加工、医疗设备等领域，用于监测液体容器内液体的液位变化，实现液位控制和监测。

另外，电容式位移传感器还可以用于测量速度等参数。通过监测被测物体的位移变化速率，可以计算出其速度信息。这种传感器常用于车辆、机械设备等领域，用于监测运动物体的速度变化，实现速度控制和监测。

此外，电容式位移传感器通常与变送器配合使用，将位移或液位信号处理作为标准信号，如电压信号或电流信号，以方便计算机、智能仪表或控制器进行进一步处理和控制。这种配合使用方式使得电容式位移传感器在工业自动化系统中发挥了重要作用，为生产过程的监测、控制和调节提供了可靠的技术支持。

二、机械自动化器件的基本要求

针对不同的工作环境、不同的自动化系统、不同的用户功能需求和不同的设备投资条件，正确、合理地选用自动化器件是自动化系统在设计、使用和维护等过程中，设备电路安全和可靠运行的基础和技术保证。

（一）可靠性与适应性

机械自动化器件的可靠性与适应性，是确保自动化系统正常运行的关键因素。这些器件必须具备多方面的能力，以免受工业现场中的各种干扰和影响，同时能够对自身存在的一些问题进行补偿和修正，以确保系统的稳定性和可靠性。

首先，机械自动化器件需要具备抵抗外部干扰的能力。工业现场常常存在噪声、振动和电磁干扰等因素，这些因素可能会对自动化器件的正常工作造成影响。因此，这些器件必须具备一定的抗干扰能力，能够在嘈杂的环境中稳定工作，不受外部干扰的影响。

其次，机械自动化器件需要具备对环境变化的适应性。工业现场的温度、湿度、磁场等因素可能会随时发生变化，这对自动化器件的稳定性提出了挑战。因此，这些器件需要在不同的环境条件下正常工作，保持稳定的性能表现。

最后，机械自动化器件还需要具备对自身问题的识别和修正能力。在长时间使用过程中，器件可能会出现非线性、温度漂移、零位误差和增益误差等问题，这些问题会影响器件的性能和精度。因此，这些器件需要内置一定的自我诊断和校正功能，以便及时发现并修正自身存在的问题，确保系统的正常运行。

（二）操作性与友好性

机械自动化器件的操作性与友好性是确保自动化系统高效运行的重要方面。这些器件在工作过程中必须具备一系列特性，以保证操作人员能够方便地控制和维护系统，并且能够及时发现和纠正操作失误，确保系统稳定运行。

首先，机械自动化器件需要具备简单易懂的操作界面。操作界面应该设计得简洁明了，清晰易懂，使操作人员能够快速理解器件的功能和操作方法。合理的布局和明晰的标识，可以减少操作人员的学习成本，提高操作效率。

其次，机械自动化器件需要具备灵活多样的操作方式。不同的操作场景可能需要不同的操作方式，因此，器件应该提供多种操作方式供用户选择，以适应不同的需求。例如，可以通过按钮、旋钮、触摸屏等方式进行操作，使用户可以根据实际情况选择最合适的操作方式。

最后，机械自动化器件还应该具备良好的人机交互体验。操作界面的设计应该人性化，符合人体工程学原理，使操作过程更加舒适和自然。同时，器件还应该提供友好的提示和反馈信息，及时告知用户操作的结果，增强用户的信心和满意度。

（三） 灵活性与扩展性

机械自动化器件的灵活性与扩展性是确保自动化系统在不同工作条件下能够有效运行的重要方面。这些特性可以使自动化系统适应不同的工作环境和需求，提高系统的适用性和灵活性，从而更好地满足生产过程中的变化和挑战。

首先，机械自动化器件的灵活性体现在其能够适应不同的工作条件和要求上。在现实生产中，工作环境和需求可能会发生变化，自动化器件需要具备一定的灵活性，能够在不同的工作条件下稳定运行。例如，器件应该适应不同的温度、湿度、压力等环境因素的变化，以及不同工艺参数和生产要求的调整，保证系统的稳定性和可靠性。

其次，机械自动化器件的扩展性体现在其能够支持系统功能的扩展和升级上。随着生产技术和需求的不断发展，自动化系统需要不断地扩展功能或升级性能，以满足新的生产要求和技术发展。因此，器件应该具备一定的扩展余量，能够支持新功能的添加和老旧部件的更新，保证系统的持续性发展和优化。

最后，机械自动化器件还应该具备一定的通用性和标准化。通用性可以使不同厂家生产的器件互换使用，降低系统的集成成本和维护成本，提高系统的灵活性和可维护性。标准化可以使不同型号和规格的器件具有一致的接口和通信协议，便于系统的集成和管理，提高系统的可扩展性和互操作性。

（四） 实时性能

机械自动化器件的实时性能是指其在实际工作中能够及时响应输入信号并产生相应的输出响应的能力。这一性能直接影响着自动化系统的工作效率和稳定性，因此对于自动化器件的设计和应用具有重要意义。

首先，实时性能体现在器件的响应速度上。良好的响应速度意味着器件能够快速地对输入信号作出反应，并在短时间内产生相应的输出信号。这对于实时控制和调节过程至关重要，特别是在需要快速变化的工作环境中，如高速生产线或紧急情况下，良好的响应速度可以保证系统的稳定性和安全性。

其次，实时性能还包括器件的动态性能。动态性能是指器件在工作过程中对输入信号的变化能够做出及时、准确的调整和反应的能力。这包括了器件的动态响应特性、抗干扰能力、稳定性等方面。良好的动态性能可以保证系统在复杂多变的工作环境中保持稳定的工作状态，从而提高生产效率和产品质量。

最后，实时性能还涉及器件的稳定性和精度。稳定性是指器件在长时间运行过程中能够保持稳定的性能和输出结果的能力，而精度则是指器件输出结果与实际数值之间的偏差程度。良好的稳定性和精度可以保证系统在长时间运行过程中保持高效稳定的工作状态，减少因误差引起的生产损失。

（五）生命周期

机械自动化器件的生命周期是指其从设计、制造、使用到报废的整个过程中所经历的时间段或阶段。这一概念体现了器件在不同阶段的性能变化、维护需求、更新换代以及环境适应性等方面的特征，对于确保自动化系统的稳定运行和长期发展具有重要意义。

首先，机械自动化器件的生命周期始于设计阶段。在这一阶段，器件的功能、性能、结构、材料等方面都将被详细规划和设计。优秀的设计可以为后续的制造、使用和维护提供良好的基础，确保器件具有良好的稳定性、可靠性和适应性。

其次，生命周期的下一个阶段是制造阶段。在这一阶段，器件将根据设计规格进行加工、组装和测试。制造过程的质量控制和技术水平直接影响着器件的性能和可靠性，因此需要严格遵循相关标准和规范，确保器件具有稳定的质量和性能。

再次，是器件的使用阶段。在这一阶段，器件将被应用于自动化系统中，参与到生产或其他工作流程中。在使用过程中，器件需要保持良好的工作状态，确保系统的稳定性和生产效率。同时，对于长时间运行的自动化系统，器件的耐久性和可靠性至关重要，需要定期检查和维护，以确保器件能够持续稳定地工作。

最后，是器件的报废阶段。在长时间使用后，器件可能会因为磨损、老化或技术更新等原因而失去使用价值，需要进行更换或报废。在报废阶段，需要对器件进行合理的处理，包括回收利用或环保处理，以减少对环境的影响并最大程度地节约资源。

三、选用机械自动化器件的原则

机械自动化器件的选用原则对于确保自动化系统的正常运行和长期发展至关重要。以下是一些常见的选用原则，这些原则综合考虑了性能、经济、可靠性、适应性、发展趋势、环保以及外观等多个方面的因素。

第一，性能合理是选用器件的首要考量因素。自动化系统要求器件具有合适的精度、灵敏度和实时性，以满足系统的工作要求。因此，在选择器件时，需要对其性能进行全面评估，确保其能够与自动化系统良好匹配，达到预期的工作效果。

第二，经济合理是选用器件的重要考量因素。在考虑器件的性能和价格之间的关系时，需要寻求一个较好的平衡点，选择价格性能比较高的器件，以确保在有限的预算内获得最大的性能收益。

第三，可靠性和适应性较高的器件是保证自动化系统稳定运行的关键。可靠性高的器件能够减少系统故障和停机时间，而适应性强的器件则能够适应不同的工作环境和工作条件，提高系统的稳定性和可靠性。

第四，熟悉和有把握的器件有助于提高设计效率和设计质量。对于已经广泛应用并经过验证的器件，设计人员更加熟悉其性能和特点，能够更加准确地进行系统设计和工程应用，从而降低设计风险和提高系统的可靠性。

第五，一定的富余量是选用器件时需要考虑的另一个因素。富余量的保留可以为系统的扩展和升级提供空间，同时还能够应对突发情况和未来可能的变化，增强系统的灵活性和可扩展性。

第六，自动化技术发展的趋势是选用器件的重要考虑因素之一。选择较好的、不会过时停产的器件可以降低系统更新换代的频率和成本，保证系统具有较长的使用寿命和较好的技术适应性。

第七，绿色器件具有低能耗、易回收利用等特点，可以有效防止对环境的污染，有利于保护环境和节约资源。

第八，外观与自动化系统整体相协调的器件可以提升系统的美观性和整体感。外观协调的器件能够更好地融入自动化系统的整体设计风格，增强系统的整体形象和用户体验。

　　第九，同等价格条件下选择寿命略大于自动化系统生命周期的器件，以确保器件能够满足系统的长期使用需求，减少因器件老化或损坏导致的系统故障和停机时间，提高系统的稳定性和可靠性。

第二章 机械加工装备自动化研究

第一节 自动化加工设备的基础

一、加工设备自动化的重要意义

加工设备的自动化在现代机械制造中具有重要的意义，其影响体现在生产效率、工人劳动条件、工艺控制、生产线管理等多个方面。

首先，加工设备的自动化能够显著提高生产效率。通过自动化技术，加工设备可以在不需要人工干预的情况下，连续、高效地进行加工作业，大幅缩短加工周期，提高生产率。自动化加工设备具有更高的精度和稳定性，能够保证产品质量的稳定性和一致性，从而提高生产效率。

其次，加工设备的自动化可改善工人的劳动条件，减轻了工人的劳动强度。传统的机械加工作业通常需要工人长时间站立操作，容易造成身体疲劳和职业伤害。而自动化加工设备的出现使得机床操作变得更加简单，工人可以通过监控和调整设备运行状态来实现对生产过程的控制，从而减少人工干预的需求，改善工人的工作环境，提高工作效率。

再次，加工设备的自动化可提升工艺控制的水平。自动化加工设备可以通过预设的程序和参数来实现对加工过程的精确控制，保证产品加工的稳定性和一致性。自动化加工设备还可以实现对加工参数的实时监测和调整，及时发现并修正加工过程中出现的问题，提高生产过程的可控性和可靠性。

最后，加工设备的自动化可为生产线管理提供更多的可能性。通过将多台自动化加工设备连接成生产线，并通过计算机或其他智能控制系统进行统一管理和调度，可以实现生产过程的全面自动化和集中监控。这种集成化的生产线管理模式不仅可提高生产效率，还可降低生产成本，提高企业的竞争力。

二、自动化加工设备的特殊要求及实现方法

（一）提高生产率

自动化生产的主要目的是提高劳动生产率和机器生产率，这是机械制造自动化系统高效率运行必须解决的基本问题。在工艺过程实现自动化时，采用的自动化措施必须符合不断提高生产率的要求。

生产率可以用单位时间内制造出来的产品数量（件/分或件/时）来表示。

$$Q = 1/T_d \tag{2-1}$$

式中：Q——生产率（件/分）；

T_d——制造产品的单件时间（min）。

其中，单件时间为：

$$T_d = t_g + t_f \tag{2-2}$$

式中：t_g——工件行程时间（min）；

t_f——辅助时间或空行程时间，即循环内损失时间（min），包括空行程、上下料、检验和清除机床上的切屑等。

生产率又可表示为：

$$Q = 1/(t_g + t_f) = \frac{1/t_g}{1 + t_f/t_g} \tag{2-3}$$

$$Q = \frac{K}{1 + Kt_f}$$

式中：K——理想的工艺生产率，$K = 1/t_g$。

如果按照较长一段时间来确定机床的生产率，那么其生产率还要低些。因为在机床工作时，除了加工循环内时间损失外，还有加工循环外时间消耗，即机床的停顿也会影响到机床的生产率。引起机床停顿的原因，可能有更换磨损了的刀具，修理机床，调整个别自动机构，重新装料，加工对象变更时的重调整，以及有关组织方面的原因使生产停顿而分摊到每个产品中的时间消耗。如果考虑了加工循环外的时间消耗，则机床的生产率应为下式：

$$Q = 1/T_d = 1/(t_g + t_f + t_w) \tag{2-4}$$

式中：t_g——工件行程时间（min）；

t_f——空行程时间，即循环内损失时间（min）；

t_w——循环外损失时间，即机床在某一时期内停顿而分摊到每一个零件上的时间（min）。

使 T_d 最小，即（$t_g+t_f+t_w$）最小，才能使生产率 Q 值最大，所以 Q 的提高可以通过同时减少 t_g、t_f、t_w 来实现。

T_d 的减少，可以采用提高加工速度（例如采用先进的工艺方法、高效率的加工工具、高参数的切削用量和高效率的自动化设备等）来实现。但过分增大切削速度会使刀具磨损加快、换刀时间增多，使生产率下降。所以，还应同时减少 t_f 和 t_w，才能显著提高生产率。

（二）高度一致性

产品质量的好坏，是评价产品本身和自动加工系统是否具有使用价值的重要标准。保证产品加工精度，防止工件成批报废，是自动化加工设备工作的前提。

"加工精度是衡量机械加工设备性能的重要指标之一。"[①] 影响加工精度的因素包括以下四个方面：

第一，由刀具尺寸磨损所引起的误差。加工零件时，刀具的尺寸磨损往往是对加工表面的尺寸精度和形状精度产生决定性影响的因素之一。在自动化加工设备上设置工件尺寸自动测量装置，即或以切削力或力矩、切削温度、噪声及加工表面粗糙度为判据对刀具磨损进行间接测量的装置，也可在线自动检测出刀具磨损状况并将测量、检测的结果经转换后由控制系统控制刀具补偿装置进行自动补偿，借以确保加工精度的一致性。在没有自动检测及刀具补偿装置的设备中，可以刀具寿命为判据进行强制性换刀，这种方法在加工中心和柔性制造系统中应用最广，且刀具寿命数据和已用切削时间由计算机控制。

第二，由系统弹性变形引起的加工误差。在加工系统刚性差的情况下，系统的弹性变形可引起显著的加工误差，尤其在精加工中，工艺系统的刚度是影响加工精度和表面粗糙度的因素之一；为中、大批量生产而采用的专用机床、组合机

①邵广昌,郑庆荣,刘金凤,等．关于非标自动化加工件加工精度对设备性能的影响[J]．工程技术研究,2023,5(3):82-84.

床及自动化生产线，一般是专为某一产品或同一组产品的某一工序而专门设计，因此，可以在设计中充分考虑加工条件下的力学特性，保证机床有足够的刚度。

第三，切削用量对表面质量的影响。切削用量的选择对加工表面粗糙度有一定的影响。自动化加工设备在保证生产率的同时，应合理地选用切削用量，以满足对工件加工表面质量的要求。

第四，机床的尺寸调整误差引起的加工误差。在自动化生产中，零件是在已调整好的机床上加工，采用自动获得尺寸的方法来达到规定的尺寸精度，因此，机床本身的尺寸调整及机床相对工件位置的调整精度对保证工件的加工精度有重大的意义。自动化加工设备在正式生产前都应按所要求的尺寸进行调整，并按规定公差调好刀具。调整方法：可以根据样件和对刀仪进行调整，也可通过试切削进行调整。

（三）高度可靠性

自动化加工设备的高度可靠性对于保证产品质量、降低加工成本以及提高设备生产率至关重要。在工业生产中，设备的工作可靠性直接影响着生产效率和产品质量的稳定性，因此，对于自动化加工设备的高度可靠性需求日益增长。

自动化加工设备的工作可靠性决定了实际生产率能否接近设计理论值。高度可靠的设备能够有效避免频繁的停机和故障，保持稳定的生产状态，充分发挥设备的工作能力，从而实现更高的生产效率。设备工作可靠性的提高能够有效降低生产成本，提高企业的竞争力。

自动化加工设备的故障种类，主要包括设备各种机构与装置的工作故障和刀具的工作故障。设备各种机构与装置的工作故障可能导致设备无法正常运转，需要及时进行维修和保养。刀具的工作故障则直接影响加工质量和加工效率，需要及时更换和调整。为了降低故障率，需要对设备进行定期的检查和维护，并及时处理发现的问题，以保证设备的长期稳定运行。

自动化加工设备的可靠性也受到设备定期计划停机和组织原因停车的影响。定期计划停机是为了对设备进行检修和维护，以保证设备的长期稳定运行。而组织原因停车则可能由生产计划、原材料供应、人员安排等方面的问题导致，需要通过合理的生产计划和组织管理来避免和解决。

　　故障类型可按故障密度（故障率）随运转时间而变化的模式来辨识。基本上可分为三种，如图2-1所示①。

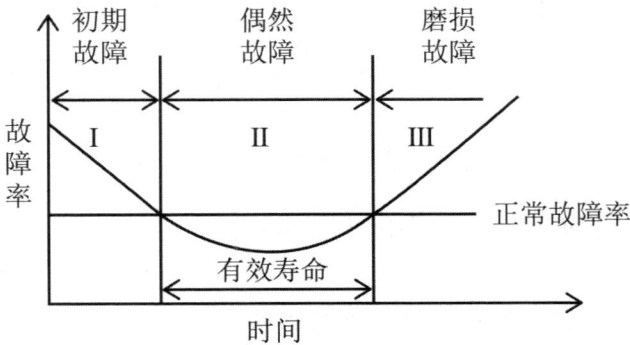

图 2-1　典型的故障形式

　　初期故障：见区域Ⅰ，故障密度迅速减少期。这类故障出现在设备运转的初始阶段，设备故障的出现在开始时最高，故障密度随着时间的增加而迅速减少。初期故障主要是基于固有的不可靠性，如材料的缺隙、不成熟的设计、不精细的制造和开始时的操作失误。查出这类故障并使设备运转稳定是很重要的。故障率的迅速降低是掌握了设备的操作，排除了所发现的制造缺陷和配合件的运转磨合的结果。

　　偶然（随机）故障：见区域Ⅱ，属正常运转期。在此阶段，故障密度稳定，故障随机地出现往往是由于对设备突然加载超过了允许强度，或未估计到的应力集中等。

　　磨损故障：见区域Ⅲ，由零件的机械磨损、疲劳、化学腐蚀及与使用时间有关的材料性质改变等引起，此时故障密度随时间延长而急剧上升。

　　上述三类故障与生产保养密切相关。在初期故障期，增加检查次数以查明故障原因极为重要，并应将信息送回设计制造部门以便改进或修正保养措施，而健全的质量管理措施可以把初期故障减到最小。在偶然故障期间，日常保养如清洗、加油和重新调节等应当与检查同时进行，力求减少故障率以延长有效寿命。

---

①洪露,郭伟,王美刚.机械制造与自动化应用研究［M］.北京:航空工业出版社,2019:278.

第二节　单机自动化方案

单机自动化是大批量生产提高生产率、降低成本的重要途径。单机自动化具有投资小、见效快等特点，因而在大批量生产中被广泛采用。

一、实现单机自动化的主要方法

（一）采用通用自动化或半自动机床

通用自动化或半自动机床广泛应用于轴类和盘套类零件的加工自动化，例如单轴自动车床、多轴自动车床或半自动车床等。使用单位可以根据具体的加工工艺和加工要求向制造厂购买，无须特殊订货。其显著特点是具有高度的灵活性，通过更换或调整部分零部件（如凸轮或靠模等），即可适应不同零件的加工需求，非常适合大批量多品种生产。因此，这类机床在市场上具有广泛的应用。

（二）采用组合机床

组合机床特别适用于箱体类和杂件类（如发动机的连杆等）零件的平面、各种孔和孔系的加工自动化。作为一种以通用化零部件为基础设计和制造的专用机床，它通常只能对一种（或一组）特定的工件进行加工。但是，它能够在同一台机床上实现工件的多面、多孔和多工位加工，加工工序集中，从而大大提高生产率。由于组合机床的主要零部件已经实现了通用化和批量生产，因此其设计、制造周期短，投资成本相对较低。这使得组合机床成为箱体类零件和杂件类零件大批量生产实现单机自动化的重要手段。

（三）采用专用机床

专用机床是专为一种零件（或一组相似的零件）的一个加工工序而精心设计和制造的自动化机床。其结构和部件通常都是根据特定需求专门设计和制造的，因此设计、制造周期较长，投资也相对较高。在采用这类机床时，必须遵循以下基本原则：

第一，被加工的工件除了需要具有大批量的特点外，还必须结构稳定且定型。

第二，工件的加工工艺必须合理可靠。在大多数情况下，应进行必要的工艺试验，以确保专用机床所采用的加工工艺先进且稳定，所完成的工序加工精度符合要求。

第三，当采用新的结构方案时，必须进行充分的结构性能试验，确保取得良好效果后，方可应用于机床制造中。

第四，必须进行全面的技术经济分析。只有在技术经济分析证明其效益显著时，方可采用专用机床实现单机自动化。

二、单机自动化方案的具体内容

在机械制造业的工厂中，存在大量的、各式各样的通用机床。为了提高劳动生产率，减轻工人的劳动强度，对这类机床进行自动化改装，以实现工序自动化或构建自动线，是技术改造、挖掘现有设备潜力的有效途径之一。自动化机床的"自动"特性主要体现在加工循环自动化、装卸工件自动化、刀具自动化和检测自动化这四个方面。这些自动化功能显著减少了空程辅助时间，降低了工人的劳动强度，并提升了产品质量和劳动生产率。

（一）加工循环自动化

加工循环自动化即加工过程运动循环，是指在工件的一个工序的加工过程中，机床刀具和工件相对运动的循环过程。在切削加工过程中，刀具相对于工件的运动轨迹和工作位置决定了被加工零件的形状和尺寸。实现机床运动循环自动化后，切削加工过程即可自动进行。

自动循环的实现方式包括机械传动、液压传动和气动-液压传动。对于较为复杂的加工循环，通常采用继电器程序控制器来控制动作，并使用挡块或各种传感器来控制其运动行程。

（二）装卸工件自动化

自动装卸工件装置是自动化机床不可或缺的辅助装置。当机床实现了加工循环自动化后，仍需配备自动装卸工件装置，才能成为真正的自动机床，实现自动加工循环的连续进行。

自动装卸工件装置通常被称为自动上料装置，其工作包括将工件自动安装到机床夹具上，并在加工完成后从夹具中卸下工件。其中，自动上料过程涉及多种机构和装备，而卸料机构在结构上相对简单，其工作原理与上料机构有若干相似之处。

根据原材料及毛坯形式的不同，自动上料装置可分为以下三大类型：

卷料（或带料）上料装置：当以卷料或带料作为毛坯时，毛坯被装上自动送料机构，并从轴卷上拉出，经过自动校直后被送向加工位置。在一卷材料用完之前，送料和加工过程是连续进行的。

棒料上料装置：当采用棒料作为毛坯时，将一定长度的棒料装在机床上，按每个工件所需的长度自动送料。在用完一根棒料后，需进行一次手动装料。

单件毛坯上料装置：当采用锻件或将棒料预先切成单件坯料作为毛坯时，机床上应设有专门的单件毛坯上料装置。

（三）刀具自动化

在自动化加工过程中，为了缩短换刀时间、提高生产率，实现加工过程中的换刀自动化至关重要。这要求刀架转位实现自动化，并具有较高的重复定位精度和刚性，以便于控制。

刀架的转位可以由刀架的退刀（回程）运动带动，也可以由单独的电动机、气缸、液压缸等驱动。由退刀运动带动的转位无须单独的驱动源，而是通过挡块和杠杆进行操纵。

（四）检测自动化

检测自动化是单机自动化方案中至关重要的一个环节，它涉及对加工过程中的工件进行实时、准确的检测，以确保产品质量和生产效率。检测自动化主要通过各种先进的检测设备和系统来实现，包括传感器、图像识别技术、声波检测等。

首先，传感器是检测自动化的核心部件之一。例如，温度传感器和压力传感器等可以实时监测工件在加工过程中的温度变化和受力情况，从而判断工件是否处于正常加工状态。一旦传感器检测到异常情况，就会立即发出警报，提醒操作者采取相应的措施，避免不合格产品的产生。

其次，图像识别技术在检测自动化中也发挥着重要的作用。通过采集工件的图像信息，利用图像处理算法对图像进行特征提取和分析，可以实现对工件的尺寸、形状、表面质量等参数的精确检测。这种技术特别适用于对精度要求较高的产品进行检测。

最后，声波检测也是一种常用的检测自动化方法。通过声波传感器采集工件在加工过程中产生的声波信号，可以分析出工件的内部结构和缺陷情况。这种技术对于检测工件的内部质量问题非常有效。

除了以上几种方法外，随着科技的不断发展，越来越多的新技术也被应用到检测自动化中，如机器学习、深度学习等人工智能技术。这些技术通过对大量数据的学习和分析，不断提高检测的准确性和效率。

第三节　数控机床及加工中心

数控机床是一种高科技的机电一体化产品，是由数控装置、伺服驱动装置、机床主体和其他辅助装置构成的可编程的通用加工设备，它被广泛应用在加工制造业的各个领域。加工中心是更高级形式的数控机床，它除了具有一般数控机床的特点外，还具有自身的特点。

与普通机床相比，数控机床最适宜加工结构较复杂、精度要求高的零件，以及产品更新频繁、生产周期要求短的多品种小批量零件的生产。

当代的数控机床正朝着高速度、高精度化、智能化、多功能化、高可靠性的方向发展。

一、数控机床

数字控制，简称数控（NC），是一种近代发展起来的技术，它利用数字量及字符发出指令，实现自动控制。采用数控技术的控制系统被称作数控系统，而装备了数控系统的机床则被称为数字控制机床，即数控机床。

数控机床是计算机技术、微电子技术、自动控制技术、传感器技术、伺服驱动技术以及机械设计与制造技术等多种先进科技的综合体现。它采用数字化信息对机床的运动及其加工过程进行精确控制，实现了机床的自动化。

与传统机床使用行程挡块和行程开关控制运动部件位移量的方式相比，数控机床以数字指令形式进行程序控制和辅助功能控制，并对机床的切削部件位移量进行坐标控制。这种控制方式赋予了数控机床更高的灵活性和精确度。

相较于普通机床，数控机床具有显著的优势。它适应性强，加工效率高，质量稳定，精度高。更重要的是，数控机床易于实现多坐标联动，能够加工出普通机床难以完成的复杂曲线和曲面。因此，数控加工在实现多品种、中小批量生产自动化方面尤为有效。

综上所述，数控机床作为一种集成了多项先进技术的自动化机床，不仅提升了加工效率和精度，还拓宽了加工范围，为现代制造业的发展注入了新的活力。

（一）数控机床的组成

数控机床，主要是由信息载体、数控装置、伺服系统组成。

1. 信息载体

信息载体，又称为控制介质，负责记载各种加工零件的全部信息，如加工的工艺过程、工艺参数和位移数据等，以控制机床的运动，实现零件的机械加工。常见的信息载体形式有纸带、磁带和磁盘等。这些信息载体上记载的加工信息需通过输入装置传递给数控装置。

常用的输入装置包括光电纸带输入机、磁带录音机和磁盘驱动器等。对于采用微型机控制的数控机床，操作人员还可以通过操作面板上的按钮和键盘，直接将加工程序输入到机床数控装置中，并在显示器上实时显示。随着微型计算机的普及，穿孔带和穿孔卡已逐渐被淘汰，而磁盘和通信网络正逐步成为主流的控制介质。

2. 数控装置

数控装置是数控机床的核心部件，它由输入装置、控制器、运算器和输出装置等关键部分构成。其主要功能是接收来自输入装置的加工信息，经过处理与计算后，发出相应的脉冲信号至伺服系统，进而驱动机床按照预定的轨迹进行运动。数控装置通常包括微型计算机电路、各种接口电路、CRT 显示器、键盘等硬件，以及与之配套的软件系统。

3. 伺服系统

伺服系统的主要作用是将数控装置发出的脉冲信号转换为机床移动部件的实际运动，确保机床工作台能够精确定位或按照预定的轨迹进行严格的相对运动，从而加工出合格的零件。

伺服系统主要由主轴驱动单元、进给驱动单元、主轴电动机和进给电动机等组成。对于数控机床的伺服系统而言，要求其具备出色的快速响应性能，并能够灵敏而准确地跟踪指令功能。目前，交流伺服系统因其优越性正逐渐取代传统的直流伺服系统，成为市场上的主流选择。

（二）数控机床的类型

按照工艺用途分，数控机床主要分为以下三类：

1. 一般数控机床

这类机床与普通机床相似，但具有更高的加工精度和自动化程度。其中包括数控车床、数控铣床、数控钻床、数控镗床、数控磨床等。每一类机床都有多种品种，如数控磨床就包括数控平面磨床、数控外圆磨床、数控工具磨床等。这类机床的工艺可靠性虽与普通机床相近，但其独特之处在于能够加工形状更为复杂的零件。一般而言，这类机床的控制轴数不超过三个。

2. 多坐标数控机床

当加工形状极为复杂的零件，如螺旋桨、飞机曲面零件等，需要三个以上坐标的合成运动才能满足加工需求时，便需要多坐标数控机床。这类机床的特点在于其数控装置控制轴的坐标数较多，机床结构也更为复杂。目前，市场上常用的是 4~6 坐标的数控机床。

3. 加工中心机床

数控加工中心机床，是在一般数控机床的基础上发展而来的，其显著特点是装备有可容纳多把刀具的刀库和自动换刀装置。此外，加工中心机床通常还配备有可移动的工作台，用于工件的自动装卸。工件经一次装夹后，加工中心便能自动完成包括铣削、钻削、攻螺纹、镗削、铰孔等在内的多种工序，可极大地提高加工效率和精度。

二、加工中心

加工中心，作为一类重要的自动化加工设备，主要是指镗铣加工中心，它广泛应用于箱体及壳体类零件的加工，具备广泛的工艺范围。这种设备配备了刀具库及自动换刀机构、回转工作台、交换工作台等先进装置，部分高级加工中心甚至拥有交换式主轴头或立-卧式主轴，进一步增强了其加工能力和灵活性。

加工中心不仅可以作为单机使用，满足各种加工需求，而且可以作为柔性制造单元（FMC）或柔性制造系统（FMS）中的关键加工设备，实现更高程度的自动化和集成化生产。在形式上，加工中心主要分为立式和卧式两种。立式加工中心特别适合平面形零件的单面加工，而卧式加工中心则尤其适合大型箱体零件的多面加工，展现了其多样化的应用特点。

加工中心是一种高效数控机床，具备刀库并能按预定程序自动更换刀具，对工件进行多工序加工。与普通数控机床相比，其显著优势在于能在一台机床上完成原本需要多台机床才能完成的工作，从而提高生产效率和加工精度。

（一）加工中心的组成

加工中心自问世以来，便出现了多种类型。其组成主要包括以下部分：

第一，基础部件。基础部件是加工中心的核心结构，由床身、立柱和工作台等关键元素构成。其主要功能是承受加工中心的静载荷以及在加工过程中产生的切削负载。为确保加工精度和稳定性，基础部件必须具备足够高的静态和动态刚度，通常是加工中心中体积和质量最大的部件。

第二，主轴部件。主轴部件包括主轴箱、主轴电动机、主轴和主轴轴承等关键零件。主轴的启停动作、转速等均由数控系统精确控制，并通过主轴上的刀具进行切削加工。主轴部件作为切削加工的功率输出部件，其性能直接影响到加工中心的加工质量和效率。

第三，数控系统。加工中心的数控系统由 CNC 装置、可编程序控制器、伺服驱动装置以及电动机等核心部分组成。它是加工中心执行顺序控制动作和控制整个加工过程的中心，作用是确保加工过程的高效、精确和稳定。

第四，自动换刀系统。自动换刀系统由刀库、机械手等关键部件组成。在加工过程中，当需要更换刀具时，数控系统会发出指令，由机械手（或其他专用装置）从刀库中取出所需刀具并精确装入主轴孔中，从而实现快速、准确的刀具更换。

第五，辅助装置。辅助装置包括润滑、冷却、排屑、防护、液压、气动和检测系统等。虽然这些装置不直接参与切削运动，但它们对于保障加工中心的加工效率、加工精度和整体可靠性起着至关重要的作用，是加工中心不可或缺的部分。

第六，自动托盘交换系统。为进一步提高加工效率，部分加工中心配备了自动托盘交换系统。该系统拥有两个可自动交换的工件托盘，一个托盘上的工件在工作台上进行加工，而另一个托盘则位于工作台外进行工件的装卸。当一个工件完成加工后，两个托盘的位置会自动交换，使得下一个工件能够迅速进入加工状态，从而显著减少辅助时间，提高整体加工效率。

（二）加工中心的类型

加工中心根据其结构和功能，主要有以下两种分类方式：

1. 按工艺用途划分

（1）铣镗加工中心。它是在铣、镗床的基础上发展起来的，是机械加工行业应用最多的一类加工设备。其主要加工范围包括铣削、钻削和镗削，特别适用于箱体、壳体以及各类复杂零件特殊曲线和曲面轮廓的多工序加工，尤其适合多品种小批量加工。

（2）车削加工中心。它是在车床的基础上发展而来的，以车削为主要功能，主体为数控车床，并配备有转塔式刀库或由换刀机械手和链式刀库组成的刀库。其数控系统多为 2~3 轴伺服控制，即 X、Z、C 轴。部分高性能车削中心还配备有铣削动力头。

（3）钻削加工中心。钻削加工中心以钻削为主要加工方式，刀库形式以转塔头为多，适用于中小零件的钻孔、扩孔、铰孔、攻螺纹等多工序加工。

2. 按主轴特征划分

（1）卧式加工中心。此类加工中心的主轴轴线为水平设置。通常具有 3～5 个运动坐标，常见配置为三个直线运动坐标加一个回转运动坐标（回转工作台）。它能够在一次装夹工件后完成除安装面和顶面以外的其余四个面的镗、铣、钻、攻螺纹等加工，特别适用于箱体类工件的加工。与立式加工中心相比，卧式加工中心结构更为复杂，占地面积大，质量重，造价较高。

（2）立式加工中心。立式加工中心的主轴轴线为垂直设置，其结构多为固定立柱式，工作台为十字滑台，适合加工盘类零件。立式加工中心通常具有三个直线运动坐标，并可在工作台上安装一个水平轴的数控转台以加工螺旋线类零件。立式加工中心的结构相对简单，占地面积小，价格较低。配备各种附件后，可满足大部分工件的加工需求。

（3）立卧两用加工中心。这类加工中心兼具立式和卧式加工中心的功能，工件一次装夹后能完成除安装面外所有侧面和顶面等五个面的加工，因此也被称为五面加工中心、万能加工中心或复合加工中心。常见的五面加工中心有两种形式：一种是主轴可以旋转 90°，既可以像立式加工中心那样工作，也可以像卧式加工中心那样工作；另一种是主轴方向不变，而工作台可以带着工件旋转 90°，以完成对工件五个表面的加工。

第四节 机械加工自动化生产线

一、机械加工自动化生产线的特征

自动化生产线（以下简称自动线），作为现代工业制造中不可或缺的一环，其在提高生产效率、优化生产流程、减轻工人负担等方面发挥着至关重要的作用。自动线在工业生产中的优势如下：

第一，自动线显著减轻了工人的劳动强度。在传统的生产方式中，工人需要手动完成大量重复、烦琐的操作，这不仅对工人的体力和耐力提出了很高的要求，还容易导致工作疲劳和误差。而自动线通过引入自动化设备和机械，将工人从繁重的体力劳动中解放出来，使他们能够专注于更加精细和复杂的工作，从而极大地提高了工作效率和工人的工作满意度。

第二，自动线大大提高了劳动生产率。通过精确控制生产过程中的各个环节，自动线能够确保产品在规定的时间内以稳定的速度完成加工，从而实现连续、高效的生产。这不仅提高了单个工人的劳动生产率，还使得整个生产线的生产能力得到了显著提升。

第三，自动线有助于减少设备布置面积和缩短生产周期。由于自动线采用紧凑、高效的设计，使得设备之间的空间得到了充分利用，从而减少了设备布置所需的面积。同时，通过优化生产流程，自动线能够减少生产过程中的等待时间和非增值环节，使得产品从原材料到成品的转换过程更加迅速和高效。

第四，自动线有助于缩减辅助运输工具，减少非生产性的工作量。在传统的生产方式中，大量的辅助运输工具被用于搬运原材料、半成品和成品，这不仅增加了生产成本，还降低了生产效率。而自动线通过引入自动化运输系统，实现了原材料、半成品和成品的自动搬运和传递，从而减少了辅助运输工具的使用，降低了非生产性的工作量。

第五，自动线能够建立严格的工作节奏，保证产品质量。通过预设的生产参数和精确的控制系统，自动线能够确保每个生产环节都按照规定的标准和节奏进行，从而保证了产品质量的稳定性和一致性。这种严格的工作节奏也有助于提高工人的工作纪律和责任感，进一步提升了产品的质量水平。

第六，自动线能够加速流动资金的周转和降低产品成本。由于生产效率的提高和生产周期的缩短，自动线使得企业的流动资金能够更快地周转起来，提高了资金的使用效率。同时，通过降低设备、运输和人力等方面的成本，自动线也有效地降低了产品的制造成本，增强了企业的市场竞争力。

自动线也存在一定的局限性。其加工对象通常是固定不变的，或在较小的范围内变化。这意味着当企业需要改变加工品种时，自动线需要进行相应的人工调整。这种调整往往需要花费一定的时间和人力成本，因此企业在选择使用自动线时需要综合考虑产品的多样性和市场需求的变化情况。

二、机械加工自动化生产线的组成

自动线作为现代工业生产中的重要组成部分，其结构和功能的复杂性根据具体的生产需求和技术要求而有所不同。自动线通常由工艺设备、质量检查装置、控制和监视系统、检测系统以及各种辅助设备等组成，这些组成部分共同协作，以实现高效、稳定的生产过程。

第一，工艺设备是自动线的核心部分，它们负责完成产品的加工、装配、检测等工艺过程。工艺设备的选择和配置，直接决定了自动线的生产能力和产品质量。这些设备通常包括机床、生产线、传送带等，它们按照预设的程序和参数进行自动化操作，确保产品加工的精度和效率。

第二，质量检查装置在自动线中发挥着至关重要的作用。它们负责对生产过程中的产品质量进行实时监控和检测，确保产品符合预定的质量标准。这些装置通常包括传感器、测量仪器等，它们能够自动获取产品的各项参数数据，并与预设的标准进行比较，从而判断产品是否合格。

第三，控制和监视系统是自动线的"大脑"，它负责协调和管理整个生产线的运行。这个系统通过收集和处理来自各个设备的信息，实现对生产过程的精确控制。同时，它还能够实时监控生产线的运行状态，及时发现并处理可能出现的故障或异常情况，确保生产线的稳定运行。

第四，检测系统也是自动线中不可或缺的一部分。它通过对生产过程中的各种参数进行实时监测和记录，为生产管理和决策提供数据支持。这些数据可以帮助企业了解生产线的运行状况、生产效率以及产品质量等方面的信息，从而进行优化和改进。

第五，辅助设备在自动线中起到了辅助和支撑的作用。它们包括照明设备、通风设备、安全保护装置等，为生产线的正常运行提供必要的保障。这些设备虽然不直接参与产品的加工过程，但它们对于提高工作环境的安全性、舒适性和生产效率都具有重要意义。

由于工件的具体情况、工艺要求、工艺过程、生产率要求和自动化程度等因素的差异，自动线的结构及其复杂程度常常有很大的差别。例如，对于精度要求较高的产品，可能需要配置更高精度的工艺设备和质量检查装置；对于大规模生产的产品，可能需要设计更加高效和稳定的传送系统和控制系统。因此，在设计和配置自动线时，需要综合考虑各种因素，以满足企业的实际需求。

三、机械加工自动化生产线的类型

（一）按工件加工运动状态划分

1. 旋转体工件的加工自动线

旋转体工件加工自动线在加工轴、盘及环类工件时，高效、精确的特性使其得到了广泛应用。这类自动线主要由自动化通用机床、自动化改装的通用机床或专用机床组成，这些机床在切削加工过程中，通过驱动工件旋转，实现高精度的加工操作。

在旋转体工件加工自动线上，工件通常被固定在夹具上，然后通过主轴驱动进行旋转。随着工件的旋转，切削刀具按照预设的轨迹和参数进行移动，完成各种切削加工任务。

旋转体工件加工自动线能够完成的典型工艺包括车外圆、车内孔、车槽、车螺纹等车削工艺，以及磨外圆、磨内孔、磨端面、磨槽等磨削工艺。这些工艺都是针对旋转体工件的外形和结构特点进行设计的，能够确保工件在旋转过程中得到均匀的切削和磨削，从而达到预期的加工效果。

2. 箱体、杂类工件的加工自动线

箱体、杂类工件加工自动线是现代工业生产中用于处理复杂工件的重要设备。这类自动线通常由组合机床或专用机床组成，具备高度的灵活性和加工能力，能够应对各种形状和尺寸的箱体、杂类工件的加工需求。

在切削加工过程中，箱体、杂类工件被固定在自动线的夹具上，确保其在整个加工过程中保持不动。这种固定方式不仅可提高加工精度，而且可确保操作的安全性。自动线通过多刀、多轴、多面的加工方式，能够实现对工件各个面的精确加工，从而满足复杂工件的加工需求。

箱体、杂类工件加工自动线能够完成的典型工艺包括钻孔、扩孔、铰孔、镗孔等孔加工，以及铣平面、铣槽、车端面等面加工。这些工艺能够满足箱体类工件对于孔和面的加工需求，确保工件的结构和性能达到预期要求。

此外，随着技术的不断发展，车削、磨削、拉削、仿形加工、珩磨、研磨等工序也逐渐被纳入到了箱体、杂类工件加工自动线中。这些先进工艺的应用，可进一步提高自动线的加工能力和加工精度，使得其能够应对更加复杂和精细的加工需求。

（二）按所用工艺设备类型划分

1. 专用机床自动化生产线

专用机床自动线是一种针对特定产品零件特定工序而设计制造的自动化生产线。它主要由专用自动机床组成，这些机床在结构和功能上都是为特定工序量身定制的，因此能够实现高效、精确的加工。

（1）专用机床自动线的特点。

首先，专用机床自动线的最大特点是其高度专业化和定制化。由于是针对某一种或某一组产品零件的某一工序而设计的，这些机床在结构、控制系统、刀具和夹具等方面都进行了深度优化，以确保最佳的加工效果和生产效率。这种高度专业化的设计使得专用机床自动线在加工特定产品时，能够达到极高的加工精度和稳定性，从而满足产品对质量和性能的高要求。

其次，正因为专用机床自动线的高度专业化和定制化，其建线费用通常较高。这是因为设计制造专用自动机床需要投入大量的人力、物力和财力，包括研发、制造、调试等多个环节。此外，由于专用机床是针对特定产品而设计的，因此其适用范围相对较窄，一旦产品更新换代或市场需求发生变化，可能需要对机床进行改造或更新，会进一步增加成本。

（2）专用机床自动线的适用范围。

专用机床自动线主要适用于结构比较稳定、生产纲领比较大的产品。这类产品通常具有较长的生命周期和稳定的市场需求，因此采用专用机床自动线进行生产可以在保证产品质量的同时，实现高效率、大批量的生产。此外，对于某些高精度、高复杂度的零件加工，专用机床自动线也展现出其独特的优势。

由于专用机床自动线的专属性较强，其适用范围相对有限。对于产品种类多、生产批量小的情况，采用专用机床自动线可能会导致设备利用率低、生产成本高等问题。因此，在选择是否采用专用机床自动线时，企业需要综合考虑产品的特性、市场需求以及自身的生产条件等因素。

2. 通用机床自动化生产线

通用机床自动线，作为现代工业生产中一种高效、灵活的自动化生产线，其构建基础在于对现有通用机床的自动化改装与集成。这种自动线不仅继承了流水线的连续生产优势，更通过自动化技术的引入，大幅提升了生产效率和加工精度。

（1）通用机床自动线的构成。通用机床自动线的构建基础在于原有的流水线系统。流水线作为一种经典的生产组织方式，以其连续、高效的特点在工业生产中占据重要地位。然而，随着市场对产品多样化和个性化的需求增加，传统流水线的局限性逐渐显现。通用机床自动线的出现，正是对传统流水线的一种优化和升级。

在构建通用机床自动线的过程中，对现有通用机床的自动化改装是关键步骤。这些通用机床在长期的工业生产中积累了丰富的使用经验，具有较高的稳定性和可靠性。通过加装数控系统、自动换刀装置、自动化夹具等先进设备，传统机床得以焕发新的生机。数控系统的引入，使得机床的加工过程更加精确可控；自动换刀装置则可大大减少换刀时间，提高加工效率；自动化夹具则可实现工件的自动定位和夹紧，进一步提升加工的自动化水平。

（2）通用机床自动线的技术实现。通用机床自动线的技术实现涉及多个方面，包括机床的自动化改装、布局优化、物流系统的构建等。

首先，机床的自动化改装是实现通用机床自动线的基础。除了数控系统、自动换刀装置和自动化夹具外，还可以根据具体需求加装其他自动化设备，如自动检测装置、自动补偿装置等，以进一步提高加工的精度和稳定性。

其次，布局优化是确保自动线高效运行的关键。在布局设计时，需要充分考虑机床的加工能力、工件的流动路径、操作人员的工作空间等因素，以实现加工过程的顺畅和高效。同时，还需要考虑自动线的可扩展性和可调整性，以适应未来生产需求的变化。

最后，物流系统的构建是实现自动线连续生产的重要保障。通过引入自动化搬运设备、物料识别系统等，可实现工件和物料在自动线内的快速、准确传输，从而不仅提高生产效率，还可降低人工搬运的成本和风险。

（3）通用机床自动线的特点。

第一，建设周期短。通用机床自动线相较于专用机床自动线或组合机床自动线，其建设周期明显缩短，这一特点主要得益于通用机床自动线充分利用了现有通用机床的资源。在构建过程中，无须从头开始设计制造专用机床，而是通过对现有机床进行自动化改装和升级，使其适应自动化生产线的需求。这种改装和升级过程相较于全新机床的设计和制造更为简单快捷，从而可大幅缩短建设周期。

第二，制造成本低。通用机床自动线的制造成本相较于采用其他类型的自动线具有明显优势，这一优势主要源于对现有设备的有效利用。在构建通用机床自动线时，企业无须投入大量资金购买新设备，而是充分利用现有通用机床的资源，通过改装和升级实现自动化生产。这种利用现有资源的方式不仅可降低设备购置成本，还可减少新设备的调试和试运行时间，从而进一步降低制造成本。

第三，收效快。由于建设周期短、制造成本低，通用机床自动线能够在较短的时间内投入生产并产生效益。这对于那些需要快速响应市场变化、提高生产效率的企业来说具有重要意义。

3. 组合机床自动化生产线

组合机床自动线是现代工业生产中广泛应用的一种高效、精确的自动化生产线。它由多台组合机床通过自动化控制系统连接而成，能够实现工件的多工序、连续化加工。在大批量生产中，组合机床自动线凭借其独特的优势，得到了越来越广泛的应用。

（1）组合机床自动线的特点。

第一，组合机床自动线的设计周期相对较短。由于组合机床的模块化设计，可以根据具体的加工需求快速组合出适合的机床配置。这种灵活性使得自动线的规划和设计过程更加高效，能够快速响应市场需求的变化。

第二，组合机床自动线的制造成本相对较低。由于采用了标准化的模块和部件，可以大大降低制造成本。同时，由于组合机床的通用性较强，可以实现一机多用，进一步降低生产成本。这种成本优势使得组合机床自动线在大规模生产中更具竞争力。

（2）组合机床自动线的优势。

第一，生产效率高。通过自动化控制和精确的定位技术，组合机床自动线可以实现高效、连续的加工过程，从而大大提高生产效率。

第二，加工精度高。组合机床采用高精度的机械结构和控制系统，能够确保加工过程的稳定性和精度。此外，组合机床自动线还具有灵活性强的特点，可以适应不同规格和形状的工件加工需求。

第三，经济效益高。由于其设计周期短、制造成本低，企业在引入组合机床自动线时可以快速实现投资回报。同时，组合机床自动线的高效生产和高质量加工也为企业带来了更多的市场机会和竞争优势。

第五节　柔性制造单元与系统

"柔性生产是在一条生产线上不仅能够生产单项产品，同时还能够生产其他种类的产品。"①

一、柔性制造单元

柔性制造系统（FMS）的产生标志着传统的机械制造行业进入了一个发展变革的新时代，自其诞生以来就展现出强大的生命力。它克服了传统的刚性自动线仅适用于大量生产的局限性，展现出对多品种、中小批量生产制造自动化的适应能力。FMS 是一种在批量加工条件下，兼具高柔性和高自动化程度的制造系统。其迅猛发展的原因在于它综合了高效率、高质量以及机械设计制造及其自动化研究的高柔性特点，解决了长期以来中小批量和大批量、多品种产品生产自动化的技术难题。

在 FMS 诞生后，出现了柔性制造单元（FMC），它是 FMS 向大型化、自动化工厂发展的另一个重要方向——即向廉价化、小型化发展的产物。虽然 FMC 可以作为组成 FMS 的基本单元，但由于 FMC 本身具备了 FMS 绝大部分的特性和功能，因此，FMC 可以视为独立的最小规模的 FMS。

柔性制造单元通常由 1~3 台数控加工设备、工业机器人、工件交换系统以

---

①黄浩.浅析简易柔性自动化机械加工生产线[J].中国设备工程,2018(04):92.

及物料运输存储设备构成。它具备独立的自动加工功能，通常还具备工件自动传送和监控管理功能，以适应多品种、中小批量产品的生产，是实现柔性化和自动化的理想手段。由于 FMC 的投资相较于 FMS 较小，技术上更易实现，因此它成为一种常见的加工系统。

（一）柔性制造单元的组成

通常，FMC 有两种组成形式：托盘交换式和工业机器人搬运式。

第一，托盘交换式 FMC 主要以托盘交换系统为特征，一般具有 5 个以上的托盘，组成环形回转式托盘库。托盘支承在环形导轨上，由内侧的环形拖动而回转，链轮由电动机驱动。托盘的选择和定位由可编程控制器（PLC）进行控制，借助终端开关、光电编码器来实现托盘的定位检测。

托盘交换系统具有存储、运送、检测、工件和刀具的归类以及切削状态监视等功能。该系统中托盘的交换由加工中心上加工的托盘与托盘系统中备用的托盘组成。通过托盘系统设在环形交换导轨中的液压或电动推拉机构来实现。这种交换首先指的是在另一端再设置一个托具工作站，而这种托盘系统可以通过托具工作站与其他系统发生联系，若干个 FMC 通过这种方式，可以组成一条 FMS 线。目前，这种柔性系统正向高柔性、小体积、便于操作的方向发展。

FMC 属于无人化自动加工单元，因此一般都具有较完善的自动检测和自动监控功能。如刀尖位置的检测、尺寸自动补偿、切削状态监控、自适应控制、切屑处理以及自动清洗等功能，其中切削状态的监控主要包括刀具折断或磨损、工件安装错误的监控或定位不准确、超负荷及热变形等工况的监控，在检测出这些不正常的工况时，便自动报警或停机。

第二，工业机器人搬运式 FMC 主要由工业机器人、搬运系统、控制系统以及辅助设备组成。工业机器人作为搬运系统的核心，负责将工件从一处搬运至另一处，实现工件的自动化传输。搬运系统则包括传送带、轨道等基础设施，为工业机器人提供可靠的运输通道。控制系统则是整个搬运式 FMC 的大脑，通过编程和算法，实现对工业机器人的精准控制。辅助设备则包括传感器、检测装置等，用于监测工件的状态和位置，确保搬运过程的准确性和安全性。

与传统的托盘交换式 FMC 相比，工业机器人搬运式 FMC 具有更高的灵活性和效率。由于工业机器人可以根据需要调整搬运路径和速度,因此能够更好地适应不同生产场景的需求。同时,工业机器人的高精度操作也大大提高了工件搬运的准确性和稳定性。

(二) 柔性制造单元的特点

柔性制造单元的柔性是指加工对象、工艺过程、工序内容的自动调整性能。加工对象的可调整性即产品的柔性,FMC 能加工尺寸不同、结构和材料亦有差异的"零件族"的所有工件;工艺过程的可调整性包括对同一种工件可改变其工序顺序或采用不同工序顺序;工序内容的可调整性包括同一工件在同一台加工中心上可以采用的加工工步、装夹方式和工步顺序、切削用量的可调整性。

1. 柔性制造单元具有显著的柔性特征

这种柔性不仅体现在加工对象的可调整性上,能够加工尺寸、结构和材料各异的"零件族"工件,还体现在工艺过程的可调整性上,能够根据不同的生产需求灵活改变工序顺序。

2. 柔性制造单元具备高度的自动化水平

通过使用数控机床进行加工,结合自动输送装置实现工件的自动运输和装卸,以及计算机对加工和输送过程的精确控制,柔性制造单元实现了制造过程的自动化。这种自动化不仅可提高生产效率,降低人工成本,还可减少人为错误,提高产品质量。

3. 柔性制造单元具有加工精度高、效率高和质量稳定的特点

由于柔性制造单元主要由数控设备构成,这些设备本身就具备高精度、高效率和高稳定性的优势。因此,在柔性制造单元中,这些优势得到了进一步发挥,使得加工过程更加精确、高效和稳定。

(三) 柔性制造单元的应用

柔性制造单元在制造业中的应用广泛而深入,其优势在实际生产中得到了充分体现。

第一,在中小企业成批生产中,柔性制造单元发挥了重要作用。由于中小企业

通常面临资金有限、生产规模相对较小的问题，因此，投资相对较小、占地面积较小的柔性制造单元成为其提高生产效率、降低成本的理想选择。通过引入柔性制造单元，中小企业能够实现对成组零件的高效、精确加工，提升产品质量和竞争力。

第二，在复杂零件的加工中，柔性制造单元也展现出了其独特的优势。由于其具备高度的柔性和自动化水平，因此能够实现对复杂零件的高效加工。通过调整加工对象、工艺过程和工序内容，柔性制造单元能够适应不同复杂零件的加工需求，提高生产效率和质量。

第三，柔性制造单元在应对市场变化方面也表现出了较强的适应性。随着市场竞争的加剧和客户需求的多样化，企业需要快速调整生产策略以满足市场需求。柔性制造单元由于其具备高度的柔性和自动化水平，因此能够快速响应市场变化，调整生产计划和工艺过程，以满足客户的个性化需求。

（四）柔性制造单元的发展趋势

FMC 正向装配型 FMC 及其他功能的 FMC 方向发展。为适应组成复杂生产系统的需要，FMC 不仅用于构建 FMS，还部分地用于构成柔性制造线，其应用领域正在从中小批量柔性自动化生产领域向大批量生产领域扩散。

FMC 的发展趋势之一是以 FMC 为基础的网络化。这种网络化模式是由多个 FMC 与局部网络（LAN）共同组成的"中小企业分散综合型 FMS"。这些 FMC 通过"LAN 环"进行信息流连接，实现信息的共享和协同工作。因此，它们能够共同利用 CAD/CAM 站的信息、技术等资源，形成一个物和信息紧密结合的高效生产系统。目前，国际学术界和产业界正积极投入分散型 FMC 的研究与开发工作，以期进一步提升制造系统的灵活性和效率。

二、柔性制造系统

随着生活品质的持续提升，用户对产品的需求日益向多样化、新颖化方向演变。传统的自动线生产方式，虽然在大批量生产方面表现优异，但已无法有效满足企业对于多品种、中小批量市场的迫切需求。与此同时，计算机技术的迅猛发展，带动了 CAD/CAM、计算机数控、计算机网络等新技术和新概念的涌现，同时自动控制理论、生产管理科学等领域也取得了显著进步，这些都为新生产技术的诞生提供了坚实的技术支撑。在这一背景下，柔性制造技术应运而生，成为满足市场多样化需求的关键技术之一。

柔性制造系统，作为一种创新的制造技术，在零件加工业以及与加工和装配相关的领域中得到了广泛应用。它以其高度的灵活性和适应性，有效地解决了传统生产方式在应对多品种、中小批量生产时面临的问题，为企业带来了显著的经济效益和市场竞争力。

（一）柔性制造系统的组成

柔性制造系统（FMS）是在计算机统一控制下，由自动装卸与输送系统将若干台数控机床或加工中心连接起来构成的一种适合于多品种、中小批量生产的先进制造系统。FMS 主要包括以下三个子系统：

1. 加工系统：柔性制造系统的核心与基石

（1）加工系统的组成。除了基础的数控机床和加工中心外，加工系统还包括清洗设备、检验设备、动平衡设备以及其他特种加工设备等。这些设备各自承担不同的功能，但共同构成了加工系统的完整体系。数控机床和加工中心是加工系统的主力军，它们负责按照预设的程序对零件进行高精度的切削、钻孔、铣削等加工操作。清洗设备负责在加工过程中或加工后对零件进行清洁，以确保加工质量的稳定。检验设备对加工完成的零件进行质量检测，确保其符合设计要求。动平衡设备用于对旋转零件进行动平衡校正，提高其运行稳定性。特种加工设备针对特定加工需求，提供个性化的解决方案。

（2）加工系统的性能对于 FMS 至关重要。加工系统的精度、稳定性、可靠性以及加工效率等性能指标，直接影响到 FMS 的生产能力和产品质量。因此，在设计和构建加工系统时，需要充分考虑设备选型、布局优化、工艺规划等因素，以确保加工系统能够满足 FMS 的生产需求。

（3）加工系统也是 FMS 中耗资最多的部分。高精度的数控机床和加工中心价格昂贵，且随着技术的不断进步，新型设备的研发与更新也需要大量的资金投入。此外，加工系统的运行和维护成本也不容忽视。为了确保加工系统的稳定运行和高效生产，需要定期对设备进行维护和保养，这同样需要投入大量的人力和物力资源。

2. 物流系统：柔性制造系统中的重要枢纽

在 FMS 的复杂运作中，物流系统作为连接各个加工环节的纽带，其重要性不言而喻。该系统负责运送工件、刀具、夹具、切屑及冷却润滑液等加工过程中所需的各种物料，确保生产流程的连续性和高效性。物流系统由搬运装置、存储装置和装卸与交换装置等关键部分构成，它们共同协作，实现物料在 FMS 内的有序流动。

（1）搬运装置是物流系统的核心部分，负责将物料从一个地方搬运到另一个地方。传送带、轨道小车、无轨小车、搬运机器人以及上下料托盘等都是常见的搬运装置。传送带具有连续性强、输送速度快的特点，适用于大量、连续性的物料搬运；轨道小车和无轨小车具有较高的灵活性和适应性，可以在不同的车间或工位间进行物料搬运；搬运机器人凭借其高精度、高效率的特性，在 FMS 中扮演着越来越重要的角色；上下料托盘用于将物料准确地放置在指定位置，确保加工过程的顺利进行。

（2）存储装置在物流系统中发挥着重要的作用。自动仓库和缓冲站等存储设施的设置，使得物料能够在搬运线的始端或末端以及搬运线内进行临时存放。自动仓库利用自动化技术实现物料的自动存取，大大提高了存储效率；缓冲站用于平衡生产节奏，避免因设备故障或生产波动而导致的物料中断。这些存储装置不仅确保了物料的有序存放，还为生产过程的连续性提供了有力保障。

（3）装卸与交换装置在 FMS 中负责物料在不同设备或不同工位之间的交换或装卸。托盘交换器、换刀机械手、堆垛机等都是典型的装卸与交换装置。托盘交换器能够快速准确地完成托盘的交换，实现物料在不同工位间的快速转移；换刀机械手能够自动更换刀具，提高加工设备的利用率；堆垛机将物料整齐地堆放在指定位置，便于后续搬运和加工。这些装卸与交换装置的应用，可大大提高 FMS 的物料处理效率，降低人工干预的需求。

3. 控制与管理系统：柔性制造系统的信息中枢与协调者

柔性制造系统（FMS）的控制与管理系统，作为实现加工过程与物料流动过程控制、协调、调度、监测和管理的信息流系统，其重要性不言而喻。该系统集成了计算机、工业控制机、可编程序控制器、通信网络、数据库及相应的控制与管理软件，成为 FMS 的神经中枢和各子系统间的联系纽带。

（1）从系统架构的角度来看，控制和管理系统采用了先进的分布式控制结构，实现了对各子系统的实时监控和高效协调。通过计算机网络和通信技术，各子系统之间可实现信息的实时共享和交互，从而确保 FMS 整体运行的协调性和稳定性。

（2）控制和管理系统在加工过程控制方面发挥着关键作用。通过精确控制数控机床、加工中心等设备的运行状态和加工参数，系统可实现对加工过程的精确控制，提高加工精度和效率。同时，系统还具备对加工过程的实时监控和故障诊断能力，能够在出现异常情况时及时发出警报并采取相应的处理措施，从而保障了加工过程的顺利进行。

（3）在物料流动过程控制方面，控制和管理系统通过优化物料搬运路径和调度策略，可实现对物料流动的精确控制。系统根据生产计划和物料需求，自动调度搬运装置进行物料的搬运和装卸，可确保物料在 FMS 内的有序流动。同时，系统还通过对物料库存的实时监控和预测，实现对物料需求的精准预测和及时补充，避免物料短缺或过剩的情况发生。

（4）控制和管理系统还具备强大的数据管理和分析能力。通过收集和分析 FMS 运行过程中产生的各种数据，系统能够实现对生产过程的深入了解和优化。利用数据挖掘和机器学习等技术，系统可以对生产过程进行预测和建模，为生产决策提供有力支持。同时，系统还能够生成各种报表和可视化界面，为管理人员提供直观的生产状态展示和决策支持。

（二）理想的柔性制造系统

柔性的概念表现在两个方面：一是指系统适应外部环境变化的能力，可采用系统所能满足新产品要求的程度来衡量；二是指系统适应内部变化的能力，采用在有干扰（如各种机器故障）的情况下系统的生产率与在无干扰情况下的生产率期望之比来衡量。

FMS 与传统的单一品种自动生产线（相对而言，可称之为刚性自动生产线，如由机械式、液压式自动机床或组合机床等构成的自动生产线）的不同之处主要在于它具有柔性。

一般认为，柔性在 FMS 中占有相当重要的位置。一个理想的 FMS 应具备以下方面的柔性：

1. 工艺柔性

工艺柔性，是指系统能以多种方法加工某一组工件的能力。其衡量指标不仅包括系统在不采用成批生产方式时同时加工的工件品种数，还包括加工时间、设备利用率、换产时间等因素，以全面评估系统在应对不同工件品种时的灵活性和适应能力。

2. 产品柔性

产品柔性，是指系统能够经济而迅速地转换到生产一组新产品的能力。产品柔性也称之为反应柔性。衡量产品柔性的指标是系统从加工一组工件转向加工另一组工件时所需的时间。

3. 设备柔性

系统中的加工设备应当具备适应加工对象变化的能力，这是衡量设备灵活性和效率的关键指标。具体而言，当加工对象的类、族、品种发生变化时，需要关注加工设备方面的表现：刀、夹、辅具的准备和更换时间，硬、软件的交换与调整时间，以及加工程序的准备与调校时间等。这些时间指标直接反映了设备适应变化的能力，对于提高生产效率和降低生产成本具有重要意义。

4. 工序柔性

工序柔性，是指系统改变每种工件加工工序先后顺序的能力。其衡量指标是系统以实时方式进行工艺决策和现场调度的水平。

5. 批量柔性

批量柔性，是指系统在成本核算上能适应不同批量的能力。其衡量指标是系统保持经济效益的最小运行批量。

6. 扩展柔性

扩展柔性，是指系统能根据生产需要方便地模块化进行组建和扩展的能力。其衡量指标则是系统可扩展的规模大小和难易程度。

7. 运行柔性

运行柔性，是指系统处理其局部故障，并维持继续生产原定工件组的能力。

其衡量指标是系统发生故障时生产力的下降程度或处理故障所需的时间。

8. 生产柔性

生产柔性，是指系统适应生产对象变换的范围和综合能力。其衡量指标是前述设备柔性、工艺柔性、产品柔性、工序柔性、运行柔性、批量柔性、扩展柔性、生产柔性的总和。

从功能上说，一个柔性制造系统柔性越大，其加工能力和适应性就越强。但过度的柔性会大大地增加投资，造成浪费。因此在确定系统的柔性前，必须对系统的加工对象（包括产品变动范围，加工对象规格、材料、精度要求范围等）做科学的分析，确定适当的柔性。

（三）柔性制造系统的特点

柔性制造系统的主要优点体现在以下方面：

第一，设备利用率高。由于采用计算机对生产进行调度，一旦有机床空闲，计算机便分配给该机床加工任务。在典型情况下，柔性制造系统中的一组机床所获得的生产量是单机作业环境下同等数量机床生产量的 3 倍。

第二，缩短生产周期。由于零件集中在加工中心上加工，这样便可减少机床数和零件的装卡次数。采用计算机进行有效的调度也可减少周转的时间。

第三，具有维持生产的能力。当柔性制造系统中的一台或多台机床出现故障时，计算机可以绕过出现故障的机床，使生产得以继续。

第四，生产具有柔性。柔性制造系统可以响应生产变化的需求，当市场需求或设计发生变化时，在 FMS 的设计能力内，不需要系统硬件结构的变化，系统就已经具有制造不同产品的柔性。并且，对于临时需要的备用零件可以随时混合生产，而不影响 FMS 的正常生产。

第五，产品质量高。FMS 减少了夹具和机床的数量，并且夹具与机床匹配得当，从而保证了零件的一致性和产品的质量。同时自动检测设备和自动补偿装置可及时发现质量问题，并采取相应的有效措施，保证产品的质量。

第六，加工成本低。FMS 的生产批量在相当大的范围内变化，其生产成本是最低的。它除了一次性投资费用较高外，其他各项指标均优于常规的生产方案。

柔性制造系统的主要缺点是：①系统投资大，投资回收期长；②系统结构复杂，对操作人员的要求高；③复杂的结构使得系统的可靠性降低。

柔性制造技术是一种适用于多品种、中小批量生产的自动化技术。从原则上讲，FMS 可以用来加工各种各样的产品，不局限于机械加工和机械行业，且随着技术的发展，应用的范围会愈来愈广。

目前 FMS 主要用于生产机床、重型机械、汽车、飞机和工业产品等。从加工零件的类型来看，大约 70% 的 FMS 用于箱体类的非回转体的加工，而只有 30% 左右的 FMS 用于回转体的加工，其主要原因在于非回转体零件在加工平面的同时，往往可以完成钻、镗、扩、铰、铣和螺纹加工，而且比回转体容易装载和输送，容易获得所需的加工精度。

由于 FMS 要实现某一水平的"无人化"生产，于是，切屑处理就是一个很大的问题，所以大约有一半的系统是加工切屑处理比较容易的铸铁件，其次则是钢件和铝件，加工这三种材料的 FMS 占总数的 85%~90%。通常在同一系统内加工零件的材料种类都比较单一，如果加工零件的材料种类过多，则会对系统在刀具的更换和各种切削参数的选择方面提出更高的要求，使系统变得复杂。

（四）柔性制造系统的发展趋势

1. FMS 将迅速发展

FMS 在 20 世纪 80 年代末就已进入工厂实用阶段，到现在技术已比较成熟。由于它在进行多品种、中小批量生产上有明显的经济效益，因此随着国际竞争的加剧，无论发达国家还是发展中国家都越来越重视柔性制造技术。

FMS 初期只是用于非回转体零件如箱体类零件的机械加工，通常用来完成钻、扩、铣及攻螺纹等工序。后来随着 FMS 技术的发展，FMS 不仅能完成非回转体零件的加工，还可完成回转体零件的车削、磨削、齿轮加工，甚至于拉削等工序。

从机械制造行业来看，现在的 FMS 不仅能完成机械加工，而且还能完成钣金、锻造、焊接、装配、铸造、激光、电火花等特种加工以及喷漆、热处理、注塑等工作。从整个制造业所生产的产品看，现在的 FMS 已不再局限于汽车、机床、飞机、坦克、火炮、舰船，还可用于计算机、半导体、木制产品、服装、食品以及医药化工等产品的生产。从生产批量来看，FMS 已从中小批量向单件和大批量生产方向发展。到现在，所有采用数控和计算机控制的工序均可由 FMS 完成。

随着计算机集成制造系统日渐成为制造业的热点，CIMS 是制造业发展的必然趋势。柔性制造系统作为 CIMS 的重要组成部分，必然会随着 CIMS 发展而发展。

2. FMS 系统配置朝 FMC 的发展

FMC 和 FMS 一样，均能满足多品种、小批量的柔性制造需求，但 FMS 具备独特的优势。

（1）FMS 具有规模适中、投资相对较少、技术综合性和复杂性较低的特点，其规划、设计、论证和运行过程相对简洁，实现起来较为容易，风险较小，并且易于进行扩展。因此，它成为向高级大型 FMC 发展的重要过渡阶段。采用从 FMS 到 FMC 的规划策略，既可以减少初期投入的资金，使企业更易于承受，又能降低风险。由于单元规模较小、问题相对较少，更易于取得成功。一旦成功，便能迅速获得效益，为后续的扩展提供资金支持，同时也有助于培养人才、积累经验，使 FMC 的实施更为稳妥。

（2）现代的 FMC 已不再是简单或初级 FMS 的代名词。FMC 不仅具备 FMS 所具有的加工、制造、运储、控制、协调等基本功能，还融入了监控、通信、仿真、生产调度管理以及人工智能等高级功能。这使得 FMC 在某一具体类型的加工中能够展现出更大的柔性，从而提高生产效率，增加产量，并改进产品质量。

3. FMS 系统的性能不断提高

构成 FMS 的各项技术，如加工技术、储运技术、刀具管理技术以及网络通信技术的迅速发展，无疑会显著提升 FMS 系统的性能。在加工过程中采用喷水切削加工技术和激光加工技术，并将众多加工能力卓越的加工设备，如立式加工中心、卧式加工中心以及高效万能车削中心等，引入 FMS 系统，极大地增强了 FMS 的加工能力和柔性，从而提高了 FMS 的系统性能。

自动导向小车（AGV）以及自动存取系统的发展和应用，为 FMS 提供了更加可靠和高效的物流运储方案，这一应用不仅缩短了生产周期，还提高了生产率。刀具管理技术的迅速进步，为确保机床及时、准确地获得所需刀具提供了坚实保障。同时，它也提升了系统的柔性、生产率及设备利用率，降低了刀具成本，减少了人为错误，并提高了产品质量，从而延长了无人操作的时间。

4. 从 CIMS 的高度考虑 FMS 规划设计

（1）FMS 本身是将加工、运储、控制、检测等硬件集成在一起，构成了一个完整的系统，但从整个工厂的角度来看，它仍然只是其中的一部分。若不能有效地设计新的产品或设计速度过慢，那么即使拥有再强大的加工能力，也将无法充分发挥其效用。

（2）只有从工厂全面现代化的 CIMS 角度出发，深入考虑 FMS 所面临的各种问题，并根据 CIMS 的总体布局和策略进行 FMS 规划设计，才能真正发挥 FMS 的潜能，使整个工厂获得最大的效益，进而提升在市场上的竞争力。

（3）在进行 FMS 规划设计时，需特别注重其与 CIMS 其他组成部分的协同与配合，确保信息流、物料流和控制流的顺畅，以实现工厂的高效运作。同时，随着技术的不断发展，也应关注新兴技术在 FMS 中的应用，以进一步提升其性能和效益。

第六节　自动线的辅助设备

一、清洗站

清洗站种类繁多、规格各异、结构多样，一般按其工作连续性可分为批处理式和流水线式。批处理式清洗站主要用于清洗质量和体积较大的零件，适用于中小批量清洗场景；而流水线式清洗站则适用于零件通过量大的生产环境。

批处理式清洗机包含多种类型，如倾斜封闭式清洗机、工件摇摆式清洗机和机器人式清洗机。其中，机器人式清洗机采用机器人操作喷头，工件保持固定不动。在大型批处理式清洗站内部，通常配备悬挂式环形有轨车，工件托盘安放在环形有轨车上，沿环形轨道进行闭环运行。流水线式清洗站则通过辊子传送带运送工件，零件从清洗站的一端送入，在通过清洗站的过程中完成清洗，然后在另一端送出，并将传送带与托盘交接机构相连，进入零件装卸区。

清洗机配备高压喷嘴，其大小、安装位置和方向需根据零件的清洗部位精心设计，以确保零件的内部和难以清洗的部位都能得到彻底清洁。为确保夹具和托盘上的切屑被彻底冲洗，切削液必须保持足够大的流量和压力。高压清洗液能够有效粉碎结团的杂渣和油脂，从而实现对工件、夹具和托盘的优质清洗。检查清洗过的工件时，应特别关注不通孔和凹入处是否已清洗干净。在安排工件的安装位置和方向时，应优先考虑如何实现最有效的清洗和清洗液的顺畅排出。

吹风作为清洗站的重要工序，能够缩短干燥时间，防止清洗液外流至其他机械设备或 AMS 的其他区域，从而保持工作区的清洁。部分清洗站采用循环对流的热空气吹干技术，通过煤气、蒸汽或电加热空气，实现工件的快速吹干，防止生锈。

批处理式清洗站的切屑和切削液通常直接排入 AMS 的集中切削液和切屑处理系统，切削液最终回流至中央切削液存储箱。而流水线式清洗站则通常配备自备的切削液（或清洗液）存储箱，用于回收切削液并循环利用。

二、去毛刺设备

以前去毛刺的工作主要依赖手工进行，这通常是重复的、繁重的体力劳动。最近几年，随着技术的进步，出现了多种去毛刺的新方法，这些方法旨在减轻人们的体力劳动，实现去毛刺的自动化。目前，最常用的去毛刺方法包括机械法、振动法、喷射法、热能法以及电化学法等。这些新方法的应用不仅可提高工作效率，还可降低劳动强度，为去毛刺工艺带来革命性的改变。

（一）机械法去毛刺

机械法去毛刺涉及在自动化制造系统（AMS）中利用工业机器人进行操作，这些机器人配备有钢丝刷、砂轮或油石等工具，用以打磨去除毛刺。打磨工具通常安放在专门的工具存储架上，以便机器人根据不同零件和去毛刺需求，自动更换合适的打磨工具。

然而，在许多实际应用中，通用机器人并非理想的去毛刺设备。这主要是因为通用机器人的关节臂在刚度和精度方面存在不足，无法完全满足高精度去毛刺的需求。此外，许多复杂零件的不同部位往往需要采用不同的去毛刺方法，这也增加了通用机器人在去毛刺应用中的局限性。

在机械法去毛刺过程中，常用的工具有砂带、金属丝刷、塑料刷、尼龙纤维刷、砂轮以及油石等。这些工具各具特点，可根据具体去毛刺任务的需求进行选择和使用。

（二）振动法去毛刺

振动法去毛刺机适用于清除小型回转体或棱体零件的毛刺。零件分批装入一个筒状的大容器罐内，用陶瓷卵石作为介质，卵石大小因零件类型、尺寸和材料而异。盛有零件的容器罐快速往复振动，在陶瓷介质中搅拌零件，以去毛刺和氧化皮。振动强烈程度可以改变，猛烈地搅拌用于恶劣型毛刺，柔缓地搅拌用于精密零件的打磨和研磨。

振动法去毛刺包括回转滚筒法、振动滚筒法、离心滚筒法、涡流滚筒法、旋磨滚筒法、往复槽式法、磨料流动槽式法、摇动滚筒法、液压振动滚筒法、磨料流去毛刺法、电流变液去毛刺法、磁流变液去毛刺法、磁力去毛刺法等，这些方法原理上也属于机械法去毛刺的范畴。

（三）喷射法去毛刺

喷射法去毛刺是利用一定的压力和速度将去毛刺介质喷向零件，以达到除毛刺的效果。喷射法去毛刺包括水平喷射去毛刺、喷丸去毛刺、抛丸去毛刺、气动磨料流去毛刺、液体珩磨去毛刺、浆液喷射去毛刺、低温喷射去毛刺等。严格来讲，喷射法去毛刺也属于机械法去毛刺的范畴。

（四）热能法去毛刺

热能法去毛刺是一种利用高温去除毛刺和飞边的技术。在此方法中，需去毛刺的零件被置于坚固的密封室内，随后送入一定量经充分混合的、具有一定压力的氢气和氧气。经火花塞点火后，混合气体瞬时爆炸，释放出大量热能，瞬时温度可达3300℃以上。这一高温使得毛刺或飞边燃烧成火焰，并立刻被氧化转化为粉末。整个过程持续25~30秒，之后使用溶剂清洗零件以去除残留物。

热能法去毛刺的显著优点在于它能有效地去除零件表面上的所有多余材料，

包括那些不易触及的内部凹入部位和与孔相关部位。此外，该方法适用范围广泛，适用于各种黑色金属和有色金属零件的去毛刺处理。

（五）电化学法去毛刺

电化学法去毛刺是通过电化学反应将工件上的材料溶解到电解液中，对工件去毛刺或成形。此法的工作步骤是，以与工件型腔形状相同的电极工具作为负极，工件作为正极，让直流电流通过电解液。电极工具进入工件时，工件材料超前电极工具被溶解。电化学法通过调节电流控制来去除毛刺和倒棱，材料去除率与电流大小有关。

电化学法去毛刺的过程慢，优点是电极工具不接触工件，无磨损，去毛刺过程中不产生热量，因此不引起工件热变形和机械变形。因而，高硬度材料非常适合用电化学法。

三、自动线上的夹具

自动线上的夹具，按照其运动特性与工作方式，可归结为固定式夹具与随行式夹具两大类。这两类夹具各有其应用特点与优势，为自动化生产提供了强有力的支撑。

固定式夹具，是固定在某一加工工位上，不随工件输送而移动的夹具。这类夹具通常安装在机床的某一部件上，或专用的夹具底座上，具有结构简单、安装方便、稳定性好等特点。固定式夹具在自动化生产线中占据重要地位，尤其在钻、镗、铣、攻螺纹等加工过程中发挥着关键作用。这类夹具通常用于箱体、壳体、盖、板等类型零件的加工，或在组合机床自动线中广泛应用。此外，对于工件和夹具在加工过程中需要做旋转运动的场合，固定式夹具同样表现出色。这类夹具多用于旋转体零件的车、磨、齿形加工等自动线中，其精确的定位与夹持功能，确保了加工过程的稳定与高效。

与固定式夹具不同，随行式夹具是随工件一起输送的夹具。这类夹具适用于那些缺少可靠输送基面、难以用输送带直接输送的工件。在自动化生产线中，有些工件由于形状复杂或尺寸特殊，难以直接通过输送带进行传输。此时，随行式夹具便成为解决这一问题的关键。通过随行夹具的夹持与输送，工件可以稳定地在生产线中移动，确保加工过程的连续性与高效性。此外，对于有色金属工件，由于其基面在输送过程中容易磨损，因此也需要采用随行夹具进行保护。随行夹具的采用，不仅降低了工件在输送过程中的损伤风险，还提高了生产效率与产品质量。

在探讨自动线上的夹具时，还需要关注其设计与制造过程中的关键技术。夹具的精度与稳定性直接影响到工件的加工质量，因此，在设计与制造过程中需要严格控制各项参数。同时，夹具的结构与材料选择也是影响其性能的重要因素。合理的结构设计能够确保夹具的稳固与可靠，而优质的材料则能够提高夹具的耐用性和延长使用寿命。

随着制造业的快速发展与自动化水平的不断提高，自动线上的夹具也在不断创新与优化。新型夹具的出现不仅提高了生产效率与加工质量，还为制造业的可持续发展提供了有力支持。未来，随着新材料、新工艺、新技术的不断涌现，自动线上的夹具将朝着更加智能化、高精度、高效率的方向发展。

四、工件输送装置

（一）工件输送装置的功能

工件输送装置，是自动化生产线中的重要组成部分，其主要功能是将被加工工件从一个工位准确地传送到下一个工位，从而确保整个生产线的连续、高效运行。工件输送装置的存在，不仅为生产线按预定的生产节拍连续工作提供了可能，而且从结构上将生产线上的各台自动机床紧密联系成为一个整体，实现了生产过程的整体优化。

（二）工件输送装置的结构与类型

工件输送装置结构多种多样，根据输送方式的不同，可分为直线输送、曲线输送、升降输送等多种类型。其中，直线输送装置适用于工件在直线轨道上的连续传输；曲线输送装置则适用于工件在复杂路径上的传输，如环形生产线或 U 型生产线；升降输送装置能够实现工件在不同高度之间的传输，适用于多层生产线或立体仓库等场合。

在类型上，工件输送装置可分为机械式、气力式、电磁式等。机械式输送装置主要依赖机械传动部件如链条、皮带、滚轮等进行工件输送；气力式输送装置则利用气流的力量推动工件在管道中移动；电磁式输送装置则利用电磁力实现对工件的吸引和释放，从而完成输送任务。

（三）工件输送装置的工作原理

工件输送装置的工作原理依据其类型和结构的不同而有所差异。以机械式输送装置为例，其通常通过电机驱动链条、皮带或滚轮等传动部件，使工件在传送带上移动。在移动过程中，控制系统通过定位装置和夹持装置确保工件在传送带上的稳定性和准确性。同时，控制系统会根据生产线的节拍和工件的加工状态，对输送装置进行精确的控制，确保工件能够按时、准确地到达下一个工位。

五、转位装置

在加工过程中，转位装置作为一种关键辅助设备，发挥着不可或缺的作用。它主要用于在加工过程中改变工件或随行夹具的位置与方向，以满足不同加工面的加工需求。转位装置的设计与应用，直接关系到生产效率、加工精度以及产品质量的稳定性。因此，深入探讨转位装置的工作原理、结构类型、应用场景及发展趋势，对于推动机械制造技术的进步具有重要意义。

首先，从工作原理来看，转位装置主要依赖机械、气动、液压或电动等方式实现工件的翻转或转位。机械式转位装置通过齿轮、链条、连杆等传动机构，将动力传递给工件或夹具，使其绕某一轴线旋转至预定位置。气动式与液压式转位装置利用气体或液体的压力推动活塞或气缸运动，带动工件或夹具进行转位。电动式转位装置通过电机驱动旋转机构实现转位动作。这些不同的工作原理使得转位装置能够适应不同的加工需求和环境条件。

其次，在结构类型方面，转位装置同样呈现出多样化的特点。根据工件的大小、形状和加工要求，转位装置可分为固定式转位装置和移动式转位装置。固定式转位装置通常安装在机床或生产线上的固定位置，适用于单一工序的转位需求。移动式转位装置具有较大的灵活性，可以在不同工位之间移动，满足多工序加工的需求。此外，根据驱动方式的不同，转位装置还可分为手动转位装置和自动转位装置。手动转位装置操作简单，但效率较低；自动转位装置能够实现快速、准确的转位，提高生产效率。

六、储料装置

为了使自动线能在各工序节拍不平衡的情况下连续工作较长的时间，或者在某台机床更换调整刀具或发生故障而停歇时保证其他机床仍能正常工作，必须在自动线中设置必要的储料装置，以保持工序间（或工段间）具有一定的工件储备量。

储料装置通常布置在自动线的各个分段之间，也有布置在每台机床之间的。对于加工某些小型工件或加工周期较长的工件的自动线，工序间的储备量常建立在连接工序的输送设备（例如输料槽、提升机构及输送带）上。根据被加工工件的形状大小、输送方式及要求的储备量的大小不同，储料装置的结构形式也不相同。

七、排屑装置

在切削加工自动线中，切屑源源不断地从工件上流出，如不及时排除，就会堵塞工作空间，使工作条件恶化，影响加工质量，甚至使自动线不能连续地工作。因此，将切屑从加工地点排除并将它收集起来运离自动线，是一个不容忽视的问题。

第三章 机械物料供输自动化系统

第一节 物料供输自动化概述

在制造业中，原材料从入厂，经过冷热加工、装配、检验、油漆及包装等各个生产环节，到产品出厂，机床作业时间仅占 5%，而工件处于等待和传输状态的时间占 95%。其中物料传输与存储费用占整个产品加工费用的 30% ~ 40%，因此对物流系统的优化有助于降低生产成本、压缩库存、提高综合经济效益。

"在建立现代化物流体系的过程中需要更好地提供完善的物流服务、提高配送服务的快捷性、保持较低的物流成本、对物流企业的规模加大优化力度，确保库存的合理性。"①

一、物流系统及功用

物流是物料在供应链中的流动过程，包括物料从供应商到最终消费者的整个转移过程。物流按其物料性质的不同，可以分为工件流、工具流和配套流三种。其中，工件流主要由原材料、半成品、成品的流动构成；工具流主要由刀具、夹具等生产工具的流动构成；配套流则包括托盘、辅助材料、备件等辅助物料的流动。

在制造系统中，物料的流动贯穿于整个制造过程，对于制造效率和质量具有重要影响。

在自动化制造系统中，物流系统特指工件流、工具流和配套流的有序移动与存储，它主要负责物料的存储、输送、装卸以及管理等功能。

第一，存储功能。在制造系统中，存在大量等待加工的工件，这些工件在不

---

① 何红保.发展现代物流产业建立高效畅通的物流体系[J].物流工程与管理,2023,45(06): 9-12.

处于加工和处理状态时，需要妥善地进行存储和缓存，以确保生产线的连续性和稳定性。

第二，输送功能。物流系统需要确保工件能够按照预定的加工顺序，在各个工位之间准确、高效地传输，以满足工件加工的需求。

第三，装卸功能。实现加工设备及辅助设备上下料的自动化是物流系统的重要任务之一，这有助于减少人工操作，提高劳动生产率。

第四，管理功能。由于物料在输送过程中会经历多种状态变化，物流系统需要对物料进行实时的识别和管理，确保物料信息的准确性和生产过程的可追溯性。

二、物流系统的组成及分类

第一，刚性自动化物料储运系统。该系统主要负责完成刚性自动化生产线中机床的自动上下料任务，以及物料的存储与输送。它主要由储料器、隔料器、上料器、输料槽、定向定位装置等组成，这些组件共同协作，确保物料在生产线上的高效流转。

第二，自动线输送系统。该系统主要承担自动线上的物料输送任务，其组成部件包括各种连续输送机、通用悬挂小车、有轨导向小车及随行夹具返回装置等。这些设备协同工作，确保物料在自动线上的稳定、高效传输。

第三，柔性物流系统。柔性物流系统主要负责完成 FMS（柔性制造系统）物料的传输任务。该系统由自动导向小车、积放式悬挂小车、积放式有轨导向小车、搬运机器人、自动化仓库等组成。这些先进的物流设备和技术，使得 FMS 能够灵活应对不同生产需求，实现高效、准确的物料传输。

三、物流系统的要求

第一，应实现可靠、无损伤和快速的物料流动。物流系统应确保物料在传输过程中的完整性和安全性，同时提高传输速度，减少等待时间，从而提升整体生产效率。

第二，应具有一定的柔性，即灵活性、可变性和可重组性。物流系统应具备适应不同生产需求的能力，能够灵活调整传输路径和方式，以满足生产线的变化需求。

第三，实现"零库存"生产目标。物流系统应通过精确的需求预测和有效的库存管理，降低库存成本，减少资金占用，逐步实现"零库存"的生产目标。

第四，采用有效的计算机管理。通过计算机管理，提高物流系统的效率，减少建设投资。通过引入先进的计算机管理系统，可以实现对物流过程的实时监控和优化，提高物流效率，降低运营成本。

第五，应具有可扩展性、人性化和智能化。物流系统应适应企业未来的扩展需求，同时注重人性化设计，提高操作便捷性。此外，随着物联网、大数据等技术的不断发展，物流系统应逐步实现智能化，提高自动化水平，降低人工干预。

第二节　刚性自动化物料储运系统

一、刚性自动化物料储运系统概述

刚性自动化的物料储运系统由自动供料装置、装卸站、工件传送系统和机床工件交换装置等部分组成。

自动供料装置按原材料或毛坯形式的不同，一般可分为卷料供料装置、棒料供料装置和件料供料装置三大类。前两类自动供料装置多属于冲压机床和专用自动机床的专用部件。件料自动供料装置一般可以分为料仓式供料装置和料斗式供料装置两种形式。

装卸站是不同自动化生产线之间的桥梁和接口，用于实现自动化生产线上物料的输入和输出功能。

工件传送系统用于实现自动线内部不同工位之间或不同工位与装卸站之间工件的传输与交换功能，其基本形式有链式输送系统、辊式输送系统、带式输送系统。

机床工件交换装置主要指各种上下料机械手及机床自动供料装置，其作用是将输料过来的工件通过上料机械手安装于加工设备上，加工完毕后，通过下料机械手取下，放置在输料槽上输送到下一个工位。

二、自动供料装置的要求及组成

（一）自动供料装置的基本要求

第一，供料时间作为自动供料装置运行过程中的一个重要环节，其长短直接影响到生产效率的高低。在自动化生产线中，供料时间的减少意味着生产过程中的辅助时间相应减少，从而使得整体生产流程更为紧凑高效。缩短供料时间还有助于降低生产成本。在自动化生产线上，设备的运行成本、人工成本以及能源成本等都是生产成本的重要组成部分。通过优化供料装置的设计和运行方式，缩短供料时间，可以降低设备的能耗和磨损，减少人工干预的需求，从而降低生产成本。

第二，供料装置的结构设计对于其运行的稳定性和可靠性具有至关重要的影响。简化供料装置的结构不仅有助于降低制造成本和维护难度，更能确保供料的持续稳定与高效可靠。在供料过程中，如果装置结构过于复杂，可能会导致工件在传输过程中受到过多的干扰和阻力，从而影响供料的准确性和稳定性。简化结构可以减少这些干扰因素，使工件更加顺畅地传输到指定位置，确保供料的稳定性和连续性。

第三，在供料过程中，避免产生大的冲击是确保供料装置稳定运行、保护工件不受损伤的关键因素。大的冲击不仅可能损坏工件，还可能对供料装置本身造成损害，进而影响整个生产线的正常运行。在供料装置的设计阶段，应充分考虑运动部件的动力学特性，采用合适的传动机构和控制策略，确保其在运行过程中能够平稳过渡，减少冲击力的产生。供料装置的输送速度和加速度也是影响冲击力的重要因素。过高的输送速度或加速度可能导致工件在传输过程中受到过大的惯性力，从而增加冲击损伤的风险。

第四，供料装置应具备一定的通用性，以适应不同类型、不同尺寸的工件需求。通用性强的供料装置通常具有可调节的输送机构和定位装置。这些机构能够根据工件的尺寸和形状进行灵活调整，确保工件准确、稳定地传输到指定位置。供料装置的通用性还体现在其模块化设计上。通过将供料装置划分为多个功能模块，并根据需要进行组合和替换，可以实现对不同类型工件的快速适应。

第五，供料装置不仅需要具备通用性以适应不同类型、不同尺寸的工件需求，同时，对于一些具有特殊供料要求的工件，供料装置还需进行特殊的设计和调整，以满足其独特的供料需求。

（二）自动供料装置的主要组成

1. 料仓

料仓的主要功能是储存工件。根据工件的形状特征、所需的储存量大小以及与上料机构的配合方式的不同，料仓会呈现出多样化的结构形式。鉴于工件在重量、形状和尺寸上可能存在较大的变化，料仓的结构设计并不遵循固定的模式。一般而言，将料仓划分为自重式和外力作用式两种主要结构类型。

自重式料仓主要依赖工件自身的重力进行流动或定位，其设计需考虑到工件的重力分布和流动特性，以确保工件能够顺利地从料仓中流出并被上料机构准确抓取。

外力作用式料仓则依赖于外部力量（如振动、气压等）来辅助工件在料仓内的流动或定位。这种结构类型的设计需充分考虑到外部作用力的施加方式、作用点以及作用力的大小，以确保工件能够在需要时准确地被推出或定位。

2. 拱形消除机构

拱形消除机构通常采用仓壁振动器。仓壁振动器通过产生局部、高频微振动作用于仓壁，有效破坏工件间的摩擦力和工件与仓壁间的摩擦力，确保工件能够连续地从料仓中顺利排出。根据实际应用，振动器的振动频率一般设定在1000~3000次/分的范围内。当料仓中物料搭拱处的仓壁振幅达到0.3mm时，通常可以实现有效的破拱效果，解决拱形堵塞问题。

除了仓壁振动器外，在料仓中安装搅拌器也是一种消除拱形堵塞的常用方法。搅拌器通过其旋转运动，能够搅动并重新分布料仓中的物料，有效防止物料形成拱形结构，确保物料流动的顺畅性。

3. 料斗装置

料斗上料装置配备有定向机构，旨在使工件在料斗中自动完成定向。然而，并非所有工件在离开料斗前都能成功定向，对于未能完成定向的工件，它们会在料斗出口处被分离出来,随后返回料斗进行再次定向,或者通过二次定向机构重新进行定向。由于这一过程存在工件需要重复定向的情况,料斗的供料率会因此发生变动。为确保生产的连续性,需要确保料斗的平均供料率高于机床的生产率。

在料斗的结构设计中,主要根据工件的特性(包括其几何形状、尺寸、重心位置等因素)来选择合适的定向方式,并据此确定料斗的具体形式。目前,常用的工件自动定向方法主要分为机械式定向和振动式定向,与之相对应的料斗装置则是机械传动式料斗装置和振动式料斗装置。

4. 输料槽

根据工件的输送方式(靠自重或强制输送)和工件的形状,输料槽有许多形式。

(1)自流式输料槽。

第一,料道式输料槽,其特点是输料槽安装倾角大于摩擦角,工件靠自重输送。像是轴类、盘类、环类工件。

第二,轨道式输料槽,其特点是输料槽安装倾角大于摩擦角,工件靠自重输送。像是带肩杆状工件。

第三,蛇形输料槽,其特点是工件靠自重输送,输料槽落差大时可起缓冲作用。

(2)半流式输料槽。

第一,抖动式输料槽,其特点是输料槽安装倾角小于摩擦角,工件靠输料槽作横向抖动输送。像是轴类、盘类、板类工件。

第二,双棍式输料槽,其特点是棍子倾角小于摩擦角,棍子转动,工件滑动输送。像是板类、带肩杆状、锥形滚柱等工件。

(3)强制运动式输料槽。

第一,螺旋管式输料槽,其特点是利用管壁螺旋槽送料,像是球形工件。

第二,摩擦轮式输料槽,其特点是利用纤维质棍子转动推动工件移动,像是轴类、盘类、环类工件。

第三节　自动线输送系统

　　自动线是一种高效的现代化生产方式，其核心特点在于通过自动化的输送系统将多台加工设备及其辅助设备按加工工艺有机地连接起来。在这一系统中，工件输送装置的作用尤为关键，它不仅负责将工件从一台加工设备传送到下一台加工设备，确保生产流程的连续性和节拍性，而且在结构上起到了将各台自动机床紧密联系成一个整体的作用。

　　具体来说，带式输送系统是自动线中常见的工件输送装置，它采用连续运动的挠性输送带作为物料搬运的主要工具，其结构主要包括输送带、驱动装置、传动滚筒、托辊和张紧装置等。传动滚筒通过摩擦力驱动输送带运动，输送带则依靠一系列托辊支撑其全长，并由张紧装置保持适当的紧张度，以确保平稳运行。

　　带式输送系统的应用范围相当广泛。它主要适用于散状物料的输送，同时也能够处理单件质量不大的工件。此外，由于其出色的输送能力和稳定性，带式输送系统特别适合于远距离物料的输送需求。

　　总之，自动线中的带式输送系统通过其独特的设计和工作原理，不仅优化了生产流程，提高了生产效率，而且增强了生产的自动化程度，是现代工业生产中不可或缺的组成部分。

一、防治带式输送机跑偏技术

（一）输送机跑偏的原因

目前常见的造成输送机跑偏的原因，分为以下两种：

1. 输送机的安装过程质量不过关

这一类问题的表现有多个方面：第一，安装质量不到位可能导致滚筒中心线与接头处不平行，这种不平行状态会在输送机运行过程中产生侧向力，导致输送带跑偏。第二，若输送带两边的运转速度不一致，会造成张紧力较大的那边出现跑偏。这种速度差异可能是由于驱动装置安装不当或维护不及时造成的。第三，输送带的连接方式不合理，会导致输送带受力不均匀，进而引起跑偏。例如，接头处的安装不规范或连接件选用不当都可能导致此类问题的发生。第四，未能及时更换发生故障的机械构件，如损坏的托辊或磨损的输送带，会导致局部阻力增大，从而引发输送带的跑偏。

输送机安装过程中的质量问题是一个不容忽视的因素，它不仅影响输送机的正常运行，还可能引发一系列安全和生产效率问题。因此，确保输送机安装质量，定期检查和维护机械构件，对于预防输送机跑偏，保障生产线的稳定运行至关重要。

2. 机械在运行过程中的磨损和维护不当

这一类问题的发生，主要是由于维护人员未能严格按照操作规范，定期对机械设备进行必要的维修保养，导致设备内部构件磨损严重，进而影响了内部工作状态，无法达到正常使用标准。具体来看，维护人员在机器运转过程中未能及时清理滚筒和托辊部分，使得这些部件中夹杂了过多的煤泥等杂物，从而改变了筒径，造成了两端张紧力不一致的情况，这是导致输送带跑偏的一个重要原因。此外，带式输送机在采掘工作面内的延伸和回缩机尾后，若未及时调整机尾滚筒，使得中心线与滚筒轴线未能保持平直状态，也会引起输送带的跑偏。

另一个值得关注的现象是，带式输送机在启动时，机尾可能会被输送带拉回，或者在长时间的输送过程中由于负荷作用导致机尾出现变形，形成松弛，这些情况都会导致输送带跑偏。这些问题的出现，很大程度上是由于维护人员的疏忽或缺乏必要的维护知识所致。

为了有效预防和解决输送机跑偏的问题，必须加强对维护人员的培训，确保他们能够严格按照操作规范进行维护工作，及时清理机械设备，调整滚筒和托辊，以及定期检查机尾的状态。

（二）输送带跑偏的受力分析

为了能够更好地了解输送带跑偏的原因，需要对造成输送带跑偏状态下所处的受力进行分析，以找到更加直观的分析方向。

1. 托辊支架中心线歪斜

输送带作为柔性体，在滚筒的作用下应保持直线运动。然而，在实际应用中，由于局部托辊在安装过程中可能存在不平整的情况，导致输送带与托辊之间的边缘距离增大。这种不均匀的支撑会使得输送带在运动过程中受到不均衡的力，从而引发跑偏现象。另外，尽管托辊的位置安装正确，但支架本身出现了一定角度的倾斜。在这种情况下，托辊与输送带的中心线无法保持垂直，导致输送带在运动过程中受到侧向力的作用出现跑偏现象。在机械运转过程中，整个运行速度会被拆解为两个分力：一个是沿着输送带运动方向的力，另一个则是垂直于输送带运动方向的力。在摩擦力的作用下，这两个分力会导致输送带的中心线逐渐偏离其理论设计线，从而产生跑偏现象。

此外，托辊支架的歪斜还可能引起输送带的过度磨损，进一步加剧跑偏问题。因此，确保托辊支架的准确安装和定期检查是防止输送带跑偏的关键措施之一。

2. 托辊支架或机架高低不平

在输送系统的运行过程中，托辊支架或机架的高低不平是一个重要的考量因素。当支架部分的高低出现不平整时，输送带的重力会对支架和底部产生不均匀的应力分布，这种不均匀的应力分布会导致输送带产生滑动。

具体来说，由于支架或机架的高低不平，输送带在重力作用下，会对较低一侧的支架或机架施加更大的压力，这种压力差异会引起输送带与托辊之间的横向摩擦力，其方向与滑动趋势相反。在这个横向摩擦力的作用下，输送带会产生向较高一侧滑动的趋势，最终导致整个输送带跑偏。

此外，支架或机架的高低不平还可能引起输送带的过度磨损，增加能耗和物损，甚至可能对输送系统的其他部件造成损害。因此，确保托辊支架和机架的平整安装、定期检查和调整高低差异，对于预防输送带跑偏、保障输送系统的稳定运行至关重要。

3. 输送带给料点不正

在输送系统的正常工作状态下，上部覆盖的材料对输送带产生的荷载会在输送带上形成一个分力。如果给料点不正，即物料的投放位置偏离输送带的中心线，这将导致物料的重量在水平方向上对输送带施加一个分力。这个分力会引起托辊发生轴向窜动，从而在反作用力的影响下，使得输送带朝着跑偏一侧持续发生移动，进一步扩大偏差的角度。这种轴向力的不断增加，不仅会导致输送带跑偏问题加剧，严重时甚至可能造成输送带的翻边问题。

此外，在非正常工作状态下使用带式输送机，例如清扫器和机架的突出部位未能得到妥善处理，可能会对输送带造成卡绊。这种情况会导致输送带的覆盖胶磨损或剥离，进一步影响输送带的正常运行。在极端情况下，这种磨损和卡绊可能导致输送带断裂，严重影响生产进程。

因此，确保输送带给料点的准确性对于预防输送带跑偏和维护输送系统的稳定运行至关重要。这包括定期检查和调整给料点位置，确保物料均匀地分布在输送带的中心线上，以及检查和维护输送机的其他部件，如清扫器和机架，以避免对输送带造成不必要的损害。

4. 输送带与滚筒轴线纵向中心线不平直

在输送系统的设计和运行中，确保输送带的滚筒轴线与纵向中心线保持平直状态是至关重要的。当这两者之间无法保持平直时，会导致滚筒的半径在输送带上发生变化，从而造成输送带两边松紧程度不同的情况。这种不均匀的松紧状态会直接影响输送带两边的运行速度。

在应力作用下，张紧力较大的一侧会受到更大的拉力，从而导致输送带向这一侧持续偏移。随着输送机的持续运行，这种偏移程度会逐渐扩大，最终可能达到影响输送机正常使用的程度。这种跑偏现象不仅降低了输送效率，还可能对输送带本身造成损害，增加维护成本和停机时间。

为了防止输送带与滚筒轴线纵向中心线不平直导致的跑偏问题，必须定期检查和调整滚筒的位置，确保其轴线与输送带的纵向中心线保持一致。此外，对于输送带本身的质量和安装也要严格控制，确保输送带的张紧度均匀，以减少跑偏的风险。

（三）输送带跑偏的防止措施

1. 静态调整

（1）针对输送机在单向运行时可能出现的输送带跑偏问题，一种有效的解决方法是对槽型托辊一侧的托辊进行调整。具体而言，可以通过改变托辊向前的倾斜角度，来纠正输送带在运行中的偏移。这种方法的优势在于，它能够直接作用于输送带的运动轨迹，从而在源头上防止跑偏现象的发生。值得注意的是，增加托辊的倾斜角度虽然可以有效地防止输送带的跑偏，但同时也会带来一定的副作用。由于倾斜角度的增加会导致输送带与托辊之间的摩擦力增大，这可能会加速输送带的磨损，进而影响到输送带的使用寿命。因此，这一措施的实施需要权衡其利弊。

（2）调心托辊作为一种防止输送带跑偏的有效手段，在实践中已被广泛采用。其工作原理是在输送机每隔一段长度的位置设置调心托辊，当输送带发生偏移时，调心托辊能够自动调整位置，将输送带引导回正确的运行轨迹。这种方法的优势在于其自动调节功能，能够在输送带发生跑偏时迅速作出反应，从而有效减少输送带跑偏所造成的生产中断和物料损失。

然而，调心托辊的设置并非没有代价。它需要额外的构件安装，这不仅增加了设备安装的时间，也增加了设备的施工投入成本。这对于追求成本效益最大化的生产企业来说，是一个不容忽视的因素。调心托辊的引入也意味着技术人员在日常检查和维护时需要面对更加复杂的工作环境。这是因为调心托辊的自动调节机制增加了设备结构的复杂性，使得检查和维护工作变得更加繁琐和耗时。

因此，在决定是否采用调心托辊时，企业必须综合考虑多方面因素。首先，需要评估现场生产的实际情况，包括输送带的运行环境、物料的特性以及输送系统的整体设计。其次，要对比调心托辊所带来的成本投入与它在防止输送带跑偏、减少生产中断和物料损失方面所能产生的效果。最后，还需考虑调心托辊设置后，长期运营中可能节省的经济支出，如减少维护次数、延长输送带使用寿命等。

2. 动态调整

动态调整是在输送带运行过程中，根据其实际工作状态对托辊进行适当调整，以减少已存在的偏差程度。这种方法的关键在于及时性和准确性。具体操作中，可以通过调整托辊吊挂的位置来改变机架和托辊之间的角度。这种调整能够有效地纠正输送带在运行过程中出现的偏移，保证输送带能够稳定地运行在正确的轨迹上。

除了对托辊进行调整外，对改向滚筒和运动角度的调整也是防止输送带跑偏的重要措施。改向滚筒是输送系统中用于改变输送带运行方向的关键部件，其角度的设置直接影响到输送带的运行轨迹。因此，根据设备的实际使用情况来调整滚筒角度，可以有效地减少输送带依次出现偏离的程度。这种调整通常需要根据输送系统的具体设计和运行环境来确定，以确保输送带能够在其上稳定运行。

综上所述，动态调整作为一种输送带跑偏的防止措施，其核心在于根据输送带的实际运行状态进行及时和准确的调整。这包括对托辊吊挂位置的调整以及对改向滚筒和运动角度的调整。这些措施的实施，需要技术人员具备深厚的专业知识和丰富的操作经验，以确保输送系统能够长期稳定地运行。

二、带式传动在汽车自动化输送系统中的应用

（一）带式传动在汽车自动化输送系统中的特点

在汽车自动化输送系统中采用带式传动方式具有显著的应用优势。带式传动自动化系统具有非常高的产能，并且在运行过程中带来的污染小，比传统的链式技术的噪声污染程度低，操作起来非常便捷与灵活，在冶金行业、煤矿开采行业、建筑建材等行业中的应用频率也非常高，最为常见的安装类型包括长距离作业输送系统、短距离作业输送系统以及水平作业输送系统，无论是哪一种类型都可以有效提高作业的效率。

在汽车生产企业的自动化输送系统中，根据生产设备和生产工艺的不同，对带式传动系统安装和运作的技术要求也略有差异。通常情况下，带式传动系统在作业时一定是处于荷载压力之下的，运行时也有起动和制动的区别，所以要求带式传动机必须具备软起动和软停车的作业功能，以便在运行过程中确保生产设备的使用安全。采用软起动和软停车的优势还在于能够减小传动机开动时产生的冲击力，有效延长设备的使用寿命，为工作人员提供比较稳定可靠的工作环境，同时还可以降低带式传动系统的使用和养护成本，间接提高企业的经济效益。

对汽车生产企业来说，带式传动设备的安装系统的防逆转技术要符合生产的需求，同时也要与制动的情况相吻合，这样才能发挥出预期的效果。带式传动系统的主要任务是承载汽车生产中的零部件的输送工作，在机器开动和停止，以及紧急制动时，要充分考虑到扭转振动力的大小和对输送作业程序的影响。因此，

提高设计时的动力学性能的分析与判定的精确程度也是确保传动系统稳定运行的理论前提。在汽车生产的过程中，带式传动系统运行的设计中也少不了低速运行状态，在低速运行的时候便于对整个系统实施全面的检修工作，为提高正常运行的效率奠定良好的基础。

带式传动方式在汽车自动化输送系统中的应用类型主要包括以下方面：

首先，电机和减速机的配合应用类型，在带式传动系统中占据重要地位。这种传动装置通过联轴器将电机和减速机紧密连接，形成一个高效的传动系统。这种结构通常适用于中等功率或小功率的带式传动系统。然而，在大型的传动系统中，由于其功率需求较高，这种配合方式可能不够高效，因此不适宜使用。

其次，电机与可控起动装置的配合使用，是另一种常见的应用类型。可控起动装置以其简便的操作过程和高度的灵活性，在自动化输送系统中展现出了显著的应用效果。尤其是在中等功率和大功率的带式传动系统中，这种配合方式因其高效率和良好的控制性能而被广泛应用。

最后，变频电机与减速机的联合使用类型，代表了带式传动系统在自动化程度上的进一步发展。变频电机具有更高的自动化程度，相较于普通电机，在性能上更为优越。与减速机配合使用时，这种传动方式在工艺舒适度上有显著提升，特别是在中等功率和大功率的传动系统中，其应用效果尤为突出。

带式传动系统的具体设计方案要根据企业的生产运营条件和实际安装环境来综合考虑，并要配置相应的器械。在斜坡输送中使用的带式传动装置要另外加配逆止器以及制动设备等，只有这样才能达到技术的应用目的。减速器的选择也要根据生产的标准和减速器的类型综合评定。现阶段使用的减速器主要包括圆柱或者圆锥齿轮的减速器，行星齿轮或者复合齿轮箱的减速器，还有可控程度较高的行星齿轮传动设备等，每一种减速器的功能都各有千秋，因地制宜地选择最为适合的设备也是提高目标成本控制水平的基础所在。

（二）带式传动在汽车自动化输送系统中的关键技术

在汽车自动化输送系统中采用带式传动方式，主要优势在于显著降低作业过程中的噪声污染，这是带式传动逐渐取代链式传动的主要原因。因此，带式传动系统的应用不仅为车间工作人员提供了更舒适的工作环境，也为周边居民带来了宁静的生活空间。此外，带式传动系统无须使用润滑设备，避免了因润滑油使用而产生环境污染的问题。这不仅保证了生产企业内部的环境和空气质量，还维护了周边生态环境，避免了人为污染。

在运行过程中，带式传动系统的关键技术主要体现在故障处理和质量检查维护上。通过降低故障频率，带式传动系统不仅减少了汽车企业的生产运营成本，还延长了设备的使用寿命。这些特点使得带式传动系统成为汽车自动化输送系统中不可或缺的部分，对提高生产效率和环境保护都具有重要意义。

在带式传动系统中，减速器的配置和使用扮演着至关重要的角色。减速器的故障可能导致整个传动系统瘫痪，从而对汽车生产的效率和质量产生显著影响。为了提升减速器的使用效率，必须在设计阶段就进行周密的方案规划。这包括全面分析可能对正常使用产生负面影响的因素，严格挑选制作材料，并深入分析热处理过程中的各种因素及其影响程度。同时，熟悉汽车配件的加工工艺流程也是必不可少的，这能为减速器的合理选择提供更多参考依据。

设计阶段的关键技术问题，是带式传动系统运行的基础。系统的运行质量和效益与设计的科学合理性密切相关。不同类型的带式传动系统在设计上也有所不同，尤其是在选择软起动和软停车方式时，需要特别关注起动和停车后的使用效果，并充分考虑机械的使用寿命和经济成本。对于倾斜式安装的带式输送机，设计时需综合考虑控制时间的长短和制动加速度的大小。合理的参数选择能够有效控制系统内部的损耗，并提升传送系统的工作效率。

在选型方面，选择齿轮箱类型时需重视规格的适宜性。选择齿轮箱时，应综合考虑其适用的环境条件和具体的安装方式。在汽车生产自动化输送系统中，齿轮箱不仅需要具备较高的起动功能，还需考虑具体的生产工艺流程。在某些情况下，可能需要选择体积较小的齿轮箱，并要求布局集约化，此时可以考虑使用行星齿轮类型。齿轮箱选择的另一个重要依据是实际作业中的荷载力水平，包括冲击荷载力、最大荷载值和反向制动力等，这些因素都会影响齿轮箱的做功和磨损程度。同时，还需注意齿轮箱的起动频率对带式传动设备运行情况的影响，以及运行环境的差异对机械的热功率和机械功率的不同要求。因此，装置的选择与搭配是一个综合考虑各种因素的过程。只有通过合理的设计和选型，才能实现资源的优化配置，降低带式传动装置的使用成本，从而创造更多的经济利润。

安装和维护技术是提高带式传动在汽车自动化输送系统中使用效率的关键。合理控制安装精度对于提升设备稳定运行至关重要。在带式传动系统的安装过程中，荷载值的大小与安装的精准程度紧密相关。任何安装误差或维护工作的不到位都可能缩短传动轴承的使用寿命，甚至引发生产安全事故，因此必须给予高度重视。

为了确保带式传动系统的稳定性和安全性，安装过程中应严格遵循相关的技术标准和操作规程。这包括精确测量和调整设备各部件的位置，确保它们之间的配合达到设计要求。此外，安装后的检查和测试也是必不可少的，以确保系统在投入使用前达到最佳状态。

维护工作同样重要，应定期对带式传动系统进行检查、清洁、润滑和必要的调整。通过这些预防性维护措施，可以及时发现并解决潜在问题，避免设备故障和意外停机，从而确保生产过程的连续性和稳定性。

总之，通过精确的安装和周到的维护，可以显著提高带式传动在汽车自动化输送系统中的使用效率，延长设备使用寿命，并确保生产安全。

第四节　柔性物流系统

"随着物流技术的变化和发展，柔性化理念已经深入人心，甚至已经成为未来物流技术发展的一个重要方向。"[1] 柔性物流系统，作为一种先进的自动化制造系统，集数控加工设备、物料运储装置和计算机控制系统于一体。该系统由多个柔性制造单元构成，能够根据制造任务和生产环境的变化快速调整，适用于多品种、中小批量生产的需求。从硬件组成来看，柔性物流系统主要包括以下三个部分：

首先，系统至少包括两台数控机床或加工中心，以及其他的加工设备。这些设备可能包括测量机、清洗机、动平衡机，以及各种特种加工设备等。这些设备的集成，为系统的多功能性和灵活性提供了基础。

---

①尹军琪.柔性物流系统新特征与新发展[J].物流技术与应用,2019,24(10):124.

其次，系统配备了一套能自动装卸的运储系统。这包括刀具的运储和工件原材料的运储。具体结构上，可以采用传送机、运输小车、搬运机器人、上下料托盘、交换工作站等多种形式。这些运储系统的高效运作，确保了物料的高效流动和加工过程的连续性。

最后，系统拥有一套计算机控制系统。这是柔性物流系统的核心，负责对整个制造过程进行监控、调度和优化。计算机控制系统通过集成各种传感器、执行器和软件算法，实现了对生产过程的精确控制，确保了生产效率和产品质量。

柔性物流系统通过其硬件的合理配置和高效集成，实现了生产过程的自动化和智能化。这不仅提高了生产效率，还增强了系统对市场变化的适应能力，为现代制造业提供了强大的技术支持。

一、柔性物流输送的形式

柔性制造系统（FMS）是一种高度自动化的制造系统，能够适应产品变化和制造量变化的需求。FMS 通常包括数控机床、物料搬运系统、存储系统和计算机控制系统等。物料输送系统作为 FMS 的一部分，对其布局和运行方式起着决定性作用，特别是在处理多工作站、长输送线路和不同物料种类的情况下，物流系统的整体布局变得更为复杂。

物料输送系统是为柔性制造系统服务的，它决定着 FMS 的布局和运行方式。由于大部分的 FMS 工作站点多，输送线路长，输送的物料种类不同，物流系统的整体布局比较复杂。

（一）直线型输送形式

直线型输送形式，顾名思义，其输送路径呈直线布局。这种布局在我国现有的柔性制造系统（FMS）中尤为普遍。其主要优势在于简洁的结构设计，使得工件能够按照预定的顺序，从一个工作站顺利地转移到下一个工作站。在这一过程中，输送设备如传送带等，沿直线轨道运动，从而实现工件的连续流动。

在直线型输送布局中，加工设备和装卸站通常被布置在输送线的两侧。这种布局不仅便于操作和管理，而且有利于提高生产效率。这种形式的输送系统也存在一定的局限性，尤其是线内储存量相对较小。因此，在实际应用中，直线型输送系统常常需要与中央仓库和缓冲站配合使用，以确保生产的连续性和灵活性。

总的来说，直线型输送形式因其简单、高效的特点，在我国的柔性制造系统中得到了广泛应用。然而，为了克服其储存量有限的缺点，需要与其他物流组件协同工作，以形成一个更加完善和灵活的物流输送体系。

（二） 网络型输送形式

网络型输送形式在现代柔性制造系统中具有显著的重要性，尤其是在中、小批量产品或新产品试制阶段。这种输送形式的核心在于其使用的自动导向小车（AGV）。AGV 的导向线路通常埋设在地下，这种设计不仅保证了车间地面的整洁和开阔，还极大地提高了输送线路的柔性。由于不依赖于固定的轨道，AGV 可以在车间内自由移动，从而使得加工设备的布局更加灵活，物料输送也更加便捷。

网络型输送形式也存在一些限制。由于其线内储存量相对较小，这种系统通常需要配备中央仓库和托盘自动交换器，以确保物料供应的连续性和生产的稳定性。这种布局要求系统具有更高的调度和控制系统，以有效管理 AGV 的运行路径和任务分配。

（三） 以机器人为中心的输送形式

以机器人为中心的输送形式是另一种重要的柔性物流输送方式。在这种形式中，搬运机器人成为系统的核心，加工设备则布置在机器人搬运范围内的圆周上。这种布局使得物料能够在不同的加工设备之间高效、灵活地移动。

机器人通常配备有夹持回转类零件的夹持器，这使其特别适用于加工各类回转类零件的柔性制造系统。机器人的使用不仅可提高系统的自动化程度，还可增加加工的灵活性和适应性。这种输送形式尤其适合于需要高精度和高效率的生产环境。

直线型输送形式、网络型输送形式和以机器人为中心的输送形式都在现代柔性制造系统中扮演着关键角色。虽然它们各自的特点和应用场景不同，但都极大地提高了生产系统的柔性和效率。通过合理选择和应用这些输送形式，企业能够更好地适应市场的变化，提高生产效率和产品质量。

二、托盘与托盘交换器

（一）托盘及其要求

在柔性物流系统中，工件的处理和传输是系统高效运行的关键。在这一系统中，工件通常通过夹具进行定位和夹紧，而夹具本身则被安装在托盘上。因此，托盘成为工件与机床之间的关键硬件接口，它在工件从一台机床转移到另一台机床的过程中发挥着至关重要的作用。

为了确保工件在整个柔性制造系统中能够有效地完成任务，系统中所有的机床和托盘必须具备统一的接口标准。这种标准化不仅保证了工件在机床之间的顺利转移，还确保了整个生产流程的连贯性和效率。通常情况下，所采用的托盘结构设计与系统中加工中心工作台的形状相匹配，这意味着它们是正方形结构。这种设计带有大倒角的棱边，不仅便于工件的装卸，还能有效防止意外碰撞造成的损害。此外，托盘通常还配备有 T 型槽，这些槽用于固定夹具，确保工件在运输过程中的稳定性。为了进一步确保夹具的精确定位和牢固夹紧，托盘上还会设计有凸榫。

值得注意的是，并非所有的物流系统都采用正方形托盘。在某些情况下，圆形托盘也被用于特定的物流系统中，这主要取决于系统的设计和应用需求。无论采用何种形状的托盘，其核心目的都是确保工件在运输过程中的稳定性和安全性。

在托盘进行夹紧和定位之前，一般会先在锥形（即楔形）定位器上进行定位。这种定位器的设计旨在确保托盘能够精确地放置在预定位置。此外，为了确保定位的准确性，通常还会使用空气流将所有定位表面吹干净，以去除可能影响定位精度的灰尘和杂质。

总的来说，托盘在柔性物流系统中扮演着至关重要的角色。它不仅是工件与机床之间的硬件接口，也是确保系统高效、稳定运行的关键组件。通过统一接口标准和精心设计的托盘结构，工件能够在不同机床之间顺畅转移，从而大大提高生产效率和产品质量。

（二）托盘交换器及其分类

托盘交换器是 FMS 的加工设备与物料传输系统之间的桥梁和接口。它不仅起连接作用，还可以暂时存储工件，起到防止系统阻塞的缓冲作用。设置托盘交换器可大幅度缩短工件的装卸时间。托盘交换器一般有回转式托盘交换器和往复式托盘交换器两种。

1. 回转式托盘交换器

回转式托盘交换器是柔性制造系统中不可或缺的组件，它在工件的高效传输和机床的高利用率方面发挥着重要作用。这种交换器的设计与分度工作台相似，具有多种形式，包括二位、四位以及多位形式。其中，多位的回转式托盘交换器因其能够存储多个工件，也常被称为缓冲工作站或托盘库。

在二位的回转式托盘交换器中，其核心特点是包含两条平行的导轨，这些导轨专门用于托盘的移动和导向。托盘的移动以及交换器的回转通常由液压驱动，这种驱动方式不仅确保了操作的平稳性，还提高了系统的整体效率。二位回转式托盘交换器具有两个主要工作位置，这一设计使得机床在完成加工后，交换器能够迅速地从机床工作台上移出装有已加工工件的托盘。随后，交换器会旋转180°，将装有未加工工件的托盘送回到机床的加工位置，从而实现工件的快速更换和生产的连续性。

这种回转式托盘交换器的应用，极大地提高了生产线的自动化程度和效率，它使得机床能够在不停机的情况下连续工作，显著减少机床的闲置时间，提高整体的生产效率。此外，由于其能够存储多个工件，这种交换器还增强了系统的缓冲能力，使得生产线能够更好地应对突发情况，如机床故障或物料延迟等。

总结而言，回转式托盘交换器在柔性制造系统中扮演着至关重要的角色。它不仅提高了机床的利用率和生产效率，还增强了系统的灵活性和稳定性。通过精确的液压驱动和精巧的设计，这种交换器确保了工件的高效传输，为现代制造业的高效、灵活生产提供了有力支持。

2. 往复式托盘交换器

往复式托盘交换器是柔性制造系统中的重要组成部分，它在提高生产效率和优化工件传输流程方面发挥着关键作用。这种交换器由一个托盘库和一个托盘交换器组成，其核心功能是在机床加工完成后，实现工件的快速更换和传输。

在往复式托盘交换器的工作流程中，机床加工完毕后，工作台会横向移动到卸料位置。在这里，装有已加工工件的托盘被移至托盘库的空位上。随后，工作台再次横向移动到装料位置，此时托盘交换器会将待加工的工件移至工作台上，从而实现工件的快速更换和生产的连续性。

值得注意的是，带有托盘库的交换装置允许在机床前形成一个小的工件队列。这一设计相当于一个小型的中间储料库，它能够在生产过程中补偿随机或非同步生产的节拍差异。这种缓冲能力对于保持生产线的稳定运行至关重要，特别是在面对生产过程中的不确定因素时。

此外，往复式托盘交换器的设置显著缩短了工件的装卸时间。由于工件更换的自动化程度提高，机床的闲置时间大幅减少，从而提高了机床的利用率和整体生产效率。这种交换器的设计充分考虑了生产效率和工件传输的便捷性，使得生产线能够更加灵活地应对不同的生产需求。

总的来说，往复式托盘交换器在柔性制造系统中起着至关重要的作用。它不仅优化了工件传输流程，提高了生产效率，还增强了系统的灵活性和稳定性。通过精巧的设计和高效的运作，这种交换器为现代制造业的自动化和高效生产提供了重要支持。

三、自动导向小车

（一）自动导向小车的构成

自动导向车（AGV）是现代柔性物流系统中不可或缺的物料运输工具，"是指装备有电磁或光学等自动导引装置，能够沿规定的导引路径行驶，具有安全保护以及各种移载功能的运输车"，代表着物料运输工具的发展趋势。[1] AGV 通过其先进的设计和技术，可实现物料运输的自动化和智能化，从而极大地提高生产效率和物料处理的灵活性。

---

[1]戚钰,付维波．自动导向小车的研究现状与发展趋势[J]．山东工业技术,2017(06):292.

AGV 主要由以下部分组成：

车架：作为 AGV 的基础结构，车架承载着所有的组件，包括驱动装置、转向装置等。它通常坚固且轻便，以适应不同的运输需求和环境。

蓄电池：作为 AGV 的动力来源，蓄电池的选择直接影响着 AGV 的使用时间和运输效率。高容量、长寿命的蓄电池是提高 AGV 性能的关键。

充电装置：为了保证 AGV 能够持续工作，充电装置的设计需要考虑充电效率和便捷性。自动充电技术的发展使得 AGV 在需要时能够自动进行充电，无须人工干预。

电气系统：电气系统是 AGV 的大脑，它控制着 AGV 的所有操作，包括驱动、转向、认址等。高可靠性和稳定性的电气系统是确保 AGV 正常运行的关键。

驱动装置：驱动装置负责 AGV 的移动，通常采用电机驱动，以实现精确的速度控制和方向控制。

转向装置：转向装置使得 AGV 能够灵活地在不同的路径上行驶，以适应复杂的运输环境。

自动认址和精确停位系统：这一系统确保 AGV 能够准确地识别和到达目的地，对于提高运输效率和保证准确性至关重要。

移载机构：用于实现工件的装卸，通常设计能够适应不同类型和尺寸的工件。

安全系统：包括各种传感器和安全装置，以确保 AGV 在运行过程中的安全，避免碰撞和事故。

通信单元：用于 AGV 与外部系统（如计算机控制系统）的通信，以实现指令的接收和状态的反馈。

自动导向系统：这是 AGV 的核心部分，它通过非接触导向装置，如电磁导向或激光导向，确保 AGV 沿着预定的路径准确行驶。

总的来说，AGV 作为一种先进的物料运输工具，在柔性物流系统中发挥着重要作用。它的各个组成部分协同工作，实现了物料运输的自动化、智能化和灵活性。随着技术的不断发展，AGV 将继续推动物料运输工具的发展趋势，为现代制造业的高效、灵活生产提供强大支持。

（二）FMS 中采用 AGV 的优点

1. 柔性较高

在自动化运输系统中，自动导向车（AGV）展现出了显著的柔性优势。AGV 的移动路线并非固定不变，而是可以通过修改导向程序轻松地进行调整、修正或扩展。这一特性为生产流程的灵活性和适应性提供了重要支持。相比之下，传统的固定传送带运输线或 RGV（自动引导车辆）的轨道调整则需要更多的时间和资源，其灵活性远不如 AGV。

2. 便于实时监视与控制

AGV 系统的另一大优势在于能够对其实时监视和控制。通过中央控制计算机，可以实时监控 AGV 的运行状态。当柔性制造系统（FMS）因生产需求变化而需调整进度表或作业计划时，AGV 可以迅速适应这些变化，重新规划运行路线。这种快速响应和调整的能力，大大提高了生产系统的灵活性和效率。此外，AGV 系统还能应对紧急情况，例如，当发生负载失效或零件错放等事故时，AGV 可以向控制计算机报告，以便及时采取措施解决问题。这种实时反馈和处理机制，确保了生产过程的顺畅和安全。

3. 安全可靠

AGV 能以低速运行，运行速度一般在 10~70m/min。通常 AGV 备有微处理器控制系统，能与本区的其他控制器通信，可以防止相互之间的碰撞。AGV 下面安装了定位装置，可保证定位精度达到 ±30mm，而安装定位精度传感器的 AGV 定位精度可达到 ±3mm。

为了进一步确保运输安全，AGV 还配备了报警信号灯、扬声器、急停按钮以及防火安全连锁装置，这些安全措施共同构成了 AGV 运输过程的多重安全保障。

4. 维护方便

AGV 的维护工作相对简单且易行。维护内容主要包括对车辆蓄电池的充电以及对电动机、车上控制器、通信装置和安全报警装置的常规检查。大多数 AGV 配备了蓄电池状况自动报告装置，该装置与控制主机相连。当蓄电池的储备能量降至规定值以下时，AGV 会自动前往充电站进行充电。得益于这样的自动化充电系统，AGV 通常能够连续工作 8 小时而无须中途充电，大大提高了系统的运行效率和稳定性。这种自动化的维护和充电机制，不仅可减轻维护人员的负担，也可确保 AGV 系统的长期稳定运行。

（三）自动导向小车的类型

自动导向小车的类型多样，根据导向方式的不同，可以将其主要分为以下类型：

1. 线导小车

线导小车是利用电磁感应制导原理进行导向的。其工作原理依赖于在行车路线的地面下埋设的环形感应电缆。这些电缆产生电磁场，线导小车通过感应这些电磁场来识别和跟踪预定的路径。由于这些电缆的布局可以预先设计和调整，线导小车能够精确地按照预设的路线行驶。目前，线导小车因其高精度的路径跟踪能力和稳定性，在工厂环境中得到了广泛应用。然而，这种导向方式的一个主要缺点是需要对地面进行改造，埋设感应电缆，这增加了初始安装的复杂性和成本。

2. 光导小车

光导小车采用的是光电制导原理。这种小车需要在行车路线上涂上能反光的荧光线条，小车上的光敏传感器则用来接收这些线条反射的光信号，从而实现对小车运动的导向。光导小车的路径设置相对灵活，可以根据需要快速改变路线。但是，这种导向方式对地面环境的要求较高，地面的清洁和平整程度会直接影响光导小车的导向精度。此外，光导小车在光线较暗的环境中可能无法正常工作，这也是其使用范围受到限制的一个原因。

3. 遥控小车

遥控小车采用无线电设备传送控制命令和信息，无须传送信息的电缆。这种小车的控制信号通过无线电波传输，因此其活动范围和行车路线基本上不受限制。遥控小车具有极高的柔性，可以轻松适应不同的工作环境和任务需求。由于其不依赖于固定的路径标识，因此特别适用于那些需要频繁更改路线或工作环境复杂多变的应用场景。然而，遥控小车的一个潜在问题是无线电信号的稳定性可能会受到外部干扰，如其他无线电设备或金属物体的干扰，这可能会影响其控制精度和可靠性。

除了上述三种主要类型，AGV 还有其他一些变体，如采用激光制导、惯性导航或 GPS 导航的 AGV。这些不同的导向方式使得 AGV 能够适应不同的工业应用和环境需求，从而提高自动化运输系统的灵活性和适应性。每种类型的 AGV 都有其独特的优势和局限性，因此在选择 AGV 系统时，需要根据具体的应用场景和工作环境来综合考虑。

（四）自动导向小车系统的管理

AGV 系统的管理就是为了确保系统的可靠运行，最大限度地提高物料的通过量，使生产效率达到最高水平。它一般包括三个方面的内容，即交通管制、车辆调度和系统监控。

1. 交通管制

在多车系统中，交通管制是避免车辆间相互碰撞的关键。随着 AGV 应用的扩展和复杂化，交通管制变得尤为重要。目前，应用最广泛的 AGV 交通管制方法是区间控制法。这种方法通过将导向路线划分为若干个区间来实现对 AGV 的精确控制。每个区间被视为一个独立的控制单元，确保在同一时间点，每个区间内只允许一辆 AGV 行驶。这种方法有效地减少了车辆间的冲突和拥堵，提高了 AGV 系统的整体效率和安全性。

区间控制法不仅需要考虑车辆的实时位置，还需要预测和规划车辆的移动路径。通过智能算法和先进的路径规划技术，AGV 系统能够优化车辆行驶路线，减少等待时间，提高物料运输效率。此外，区间控制法还能够根据实际生产需求调整车辆的行驶速度和优先级，从而更好地适应动态变化的工厂环境。

除了区间控制法，还有其他交通管制方法，如基于时间的管理系统，它通过为每辆 AGV 分配特定的行驶时间窗口来避免碰撞。然而，这种方法不如区间控制法灵活，特别是在高密度和复杂的 AGV 运行环境中。

交通管制不仅涉及避免碰撞，还包括对紧急情况的响应。例如，当 AGV 遇到故障或障碍物时，系统需要迅速做出反应，重新规划线或暂停行驶，以确保整个系统的稳定运行。这种智能化的交通管制系统，结合了先进的传感器技术和数据处理能力，能够实时监控 AGV 的运行状态，并做出相应的调整。

总之，交通管制是 AGV 系统管理的重要组成部分，它通过对车辆行驶路径和时间的精确控制，确保了 AGV 系统的安全、高效运行。随着技术的发展，交通管制系统将变得更加智能化和自适应，能够更好地应对复杂多变的工业环境。

2. 车辆调度

车辆调度的目标是使 AGV 系统实现最大的物料通过量。车辆调度需要解决两个问题：一是实现车辆调度的方法，二是车辆调度应遵循的法则。

（1）车辆调度方法。实现车辆调度的方法按等级可分为车内调度系统、车外招呼系统、遥控终端、中央计算机控制以及组合控制等。在柔性物流系统中，一般由物流工作站计算机调度，使系统处于最高水平的运行调度状态。当系统以最高水平控制运行时，如物流工作站计算机调度失败，则可返回到低一级水平控制。这时，可以恢复到遥控终端控制或车载控制，AGV 系统仍可继续工作。

（2）车辆调度法则。在多车多工作站的系统中，AGV 遵循何种车辆调度法则，对于 FMS 的运行性能和效率有很大的影响。最简单的车辆调度法则是顺序车辆调度法则，它是让 AGV 在导向线路上不停地行驶，依次经过每一个工作站，当经过有负载需要装运的工作站时，AGV 便装上负载继续向前行驶，并把负载输送到它的目的地。这种调度法则不会出现车间闭锁（交通阻塞）现象，但物流系统的柔性及物料通过量都比较低。为了克服上述缺点，柔性物流系统逐步采用了一些先进的车辆调度法则。例如，从任务申请角度出发，有最大输送排队长度法则、最少行驶时间法则、最短距离法则、最小剩余输送排队空间法则、先来先服务法则等；从任务分配角度出发，有最近车辆法则、最快车辆法则、最长空闲车辆法则等。柔性物流系统使用何种法为最好，这与物流输送形式、设备布置、工件类型、AGV 数目等多种因素有关，需要通过计算机仿真试验才能确定。

3. 系统监控

在复杂的柔性物流系统中，自动化程度高，物料输送量大，因此，对 AGV 系统进行有效的监控至关重要。系统监控的主要目的是及时发现并解决可能导致系统故障或运行速度减慢的问题，确保 AGV 系统的稳定性和效率。目前，AGV

系统的监控主要通过以下三种途径实现：

（1）定位器面板是 AGV 系统监控的一种基本手段。定位器面板能够显示 AGV 的实时位置和状态信息，如速度、行驶方向、电池电量等。通过定位器面板，操作人员可以快速了解 AGV 的运行情况，及时发现潜在的问题。然而，定位器面板的监控能力相对有限，它主要适用于对 AGV 进行基本的监控和调度。

（2）摄像机与 CRT 彩色图像显示器为 AGV 系统提供了更为直观的监控方式。通过安装在关键位置的摄像机，操作人员可以直接观察 AGV 的运行状态和周围环境。这些图像信息通过 CRT 彩色图像显示器呈现，使操作人员能够更准确地判断 AGV 的运行情况。这种方法特别适用于需要精细监控的应用场景，如在高危区域或对物料处理精度要求极高的场合。

（3）中央记录与报告系统是 AGV 系统监控的高级形式。这种系统可以自动记录 AGV 的运行数据，如行驶路线、停留时间、故障信息等，并将这些数据整理成报告。通过分析这些报告，管理人员可以深入了解 AGV 系统的运行状况，发现并解决潜在的问题。此外，中央记录与报告系统还可以用于预测性维护，通过分析历史数据，预测 AGV 可能出现的故障，提前采取措施，减少系统停机时间。

第四章 机械装配过程自动化研究

第一节 装配过程自动化概述

装配是整个生产系统的主要组成部分，也是机械制造过程的最后环节。装配对产品的成本和生产效率有着重要影响，研究和发展新的装配技术，大幅度提高装配质量和装配生产效率是机械制造工程的一项重要任务。

一、装配自动化及其特点

装配自动化是现代制造业发展的重要趋势，它通过运用先进的自动化技术和设备，实现产品装配过程的自动化和智能化。装配自动化不仅提高了生产效率，降低了人力成本，还提升了产品质量和一致性。

装配自动化是指利用自动化设备和技术，对产品的组装过程进行自动化控制和管理。它涉及机械、电子、控制、计算机等多个领域的技术，通过集成和优化这些技术，实现高效、精确、可靠的装配过程。

早期，装配自动化主要依赖于简单的机械装置和固定的装配线。随着电子技术和计算机技术的发展，自动化设备开始具备一定的智能化，能够完成较为复杂的装配任务。近年来，随着人工智能、机器人、物联网等技术的发展，装配自动化进入了智能化、网络化、柔性化的新阶段。

装配自动化具有以下特点：

第一，高效率。装配自动化的核心优势之一是其能够实现连续且高速的装配过程，显著提升生产效率。自动化装配设备能够在较短的时间内完成大量的装配任务，这不仅降低了人力成本，也提高了企业的市场竞争力。由于自动化设备可以不间断地工作，不受工人疲劳、休息等因素的影响，因此能够实现 24 小时不间断地生产，极大地提高了生产效率。此外，自动化装配线的速度可以根据生产需求进行调整，以适应不同的生产节奏和任务量。

第二，高质量。装配自动化在保证产品一致性和质量方面发挥着重要作用。自动化设备具有较高的精度和稳定性，能够精确地完成装配任务，有效减少人为误差。在自动化装配过程中，每个步骤都经过精心设计和严格测试，确保了装配的一致性和可靠性。这种高精度和高稳定性在复杂或对精度要求极高的装配任务中尤为重要，如精密电子设备的组装、汽车发动机的装配等。装配自动化可以确保每个产品都达到预定的质量标准，从而提高产品的整体质量。

第三，灵活性。随着技术的不断进步，装配自动化设备的灵活性得到了显著提升。现代自动化装配系统能够适应不同产品的装配需求，这是通过调整设备参数或更换工具来实现的。这种灵活性对于多品种、小批量生产模式尤为重要。在这种模式下，生产线的快速切换能力可以大幅减少产品转换时间，提高生产线的利用率。例如，在汽车制造业中，自动化装配线可以通过更换夹具和调整机器人程序，迅速从一种车型的装配切换到另一种车型。这种灵活的切换能力，不仅提高了生产效率，也增强了企业对市场变化的快速响应能力。

第四，智能化。装配自动化正逐步融入人工智能技术，通过学习和优化装配过程，提升装配的智能化水平。例如，利用机器视觉技术进行零件的识别和定位，可以有效提高装配的准确性和效率。此外，通过机器学习算法优化装配路径，可以进一步缩短装配时间和提高装配质量。智能化还体现在对装配数据的分析上，通过收集和分析大量的生产数据，可以预测设备故障，提前进行维护，减少生产中断。这种智能化不仅可提高装配的效率和质量，也可为生产管理提供强大的数据支持。

第五，网络化。装配自动化设备的网络化是现代智能制造的重要特征。通过网络连接，自动化装配设备可以实现设备之间的信息共享和协同工作。这种网络化有助于实现装配过程的实时监控和远程控制，提高装配的效率和管理水平。例如，在智能工厂中，所有自动化设备都可以连接到中央控制系统，操作人员可以通过中央控制台监控整个装配线的运行状态，及时调整生产计划。网络化还可以实现设备之间的数据共享，提高生产数据的透明度和可追溯性，为生产管理和决策提供支持。

二、装配自动化在制造业中的重要性

装配自动化在制造业中扮演着至关重要的角色，其影响深远，不仅体现在提高生产效率和降低成本上，还表现在提升产品质量、增强企业竞争力以及推动产业升级等多个方面。

第一，提高生产效率。装配自动化通过使用机器人、自动化设备和技术，实现了生产过程的自动化和连续化。特别是在大规模生产中，自动化装配线可以快速、高效地完成大量重复性工作，大幅缩短生产周期，满足市场对产品的大量需求。

第二，降低成本。虽然装配自动化的初期投资较大，但从长远来看，它可以显著降低生产成本。自动化设备的高效率和稳定性减少了废品率和返工率，降低了材料浪费和人工成本。此外，装配自动化还可以减少对高技能工人的依赖，降低劳动力成本，特别是在劳动力成本较高的地区。

第三，提升产品质量。装配自动化通过精确、稳定的操作，确保了产品的一致性和高质量。自动化设备具有较高的精度和重复性，能够精确地完成装配任务，减少人为误差。此外，自动化装配系统可以通过实时监控和数据记录，及时发现和解决生产过程中的问题，确保产品质量符合标准。

第四，增强企业竞争力。装配自动化提高了企业的生产效率和产品质量，增强了企业的市场竞争力。自动化装配系统可以快速适应市场变化和客户需求，提高企业的灵活性和响应速度。此外，自动化还可以帮助企业实现定制化生产，满足客户对个性化产品的需求，进一步提高市场竞争力。

第五，推动产业升级。装配自动化是制造业转型升级的重要推动力。随着技术的发展，装配自动化正逐步融入人工智能、物联网等先进技术，推动制造业向智能化、网络化、柔性化方向发展。这种转型有助于提高制造业的整体水平和附加值，推动产业向更高端、更智能的方向发展。

三、装配自动化的任务与应用范围

在产品的生产流程中，装配阶段是各种工艺和组织因素综合体现的关键环节。现代化生产广泛采用装配机械，这促使装配机械，尤其是自动化装配机械，得到前所未有的发展。

装配机械是一种特殊类型的机械，与通常用于加工的各类机床有所区别。这些机械是针对特定产品设计和制造的，开发成本较高，使用中往往缺乏柔性。因此，早期的装配机械主要针对大批量生产而设计。近年来，自动化装配系统已开始应用于中小批量生产。这类系统通常采用可自由编程的机器人作为主要的装配机械，并配备可改装和调整的其他部分以及柔性外围设备，如零件仓储、可调节的输送设备、连接工具库、抓钳及其更换系统等。

柔性是系统的一种特性，使其能够适应生产的变化。在装配系统中，柔性体现在能够在同一套设备上同时或先后装配不同的产品（即产品柔性）。然而，柔性装配系统的效率通常不及高度专用化的装配机械。例如，往复式装配机械的节拍速度可以达到每分钟 10~60 拍（大多数节拍时间为 2.5~4 秒），而转盘式装配机械的最高节拍速度可达每分钟 2000 拍。不过，这些高速机械通常用于装配相对简单的产品，如链条等，并执行简单的装配动作，如铆接、充填等。

对于大批量生产而言，使用专用的装配机械是经济合理的。这些机械能够处理长度超过 100 毫米、质量超过 50 克的工件。典型的装配对象包括电器产品、开关、钟表、圆珠笔、打印机墨盒、剃须刀和刷子等，这些产品需要通过多种不同的装配过程来完成。

从创造产品价值的角度来看，装配过程可以按时间分为两个主要部分：主装配和辅装配。其中，连接过程作为主装配，通常只占用整个装配时间的 35%~55%。所有其他功能，如给料，属于辅装配。在设计装配方案时，应尽可能减少这部分时间。

自动化装配机械，特别是那些经济且具有一定柔性的机械，被视为高技术产品。根据其不同的结构方式，这些机械常被称为"柔性特种机械"或"柔性节拍通道"。圆形回转台式自动化装配机因其高运转速度和可控加速度而受到青睐。环台式装配机械，无论是环内操作、环外操作还是二者的结合，都是实用的结构方式。

现代技术的发展使得人们能够为复杂的装配功能找到解决的方法。尽管如此，全自动化的装配至今仍然只是在有限的范围是现实的和经济的。由于装配机械比零件制造机械具有更强的针对性，因而装配机械的采用更需要深思熟虑，做大量的准备工作，不能简单片面地追求自动化，应本着实用可靠而又能适应产品的发展原则，采用适当的自动化程度，应用现代的计划方法和控制手段。

四、装配自动化的要求

要实现装配自动化，必须具备一定的前提条件，主要有如下方面：

（一）生产纲领稳定，且年产量大、通用化程度较高

生产纲领的稳定性是实现装配自动化的核心前提。当前，自动装配设备大多为专用设备，这意味着它们是针对特定的生产纲领而设计和制造的。一旦生产纲领发生改变，原先设计制造的自动装配设备可能就不再适用。即使通过修改使其能够使用，也可能导致设备费用增加和时间的浪费，这在技术和经济上都是不合理的。

年产量大、批量大对于提高自动装配设备的负荷率非常有利。这是因为自动装配设备需要一定的运行时间来分摊其固定成本，如设计、制造和安装成本。较大的年产量和批量有助于提高设备的利用率，从而提高生产效率并降低单位产品的成本。

零部件的标准化和通用化程度对于装配自动化同样重要。高标准的零部件标准化和通用化可以显著缩短设计、制造周期，并降低生产成本。这是因为标准化和通用化的零部件可以大规模生产，从而降低单件成本。同时，通用化的零部件可以减少库存和物流成本，提高生产效率。

除了生产纲领的稳定性、年产量和批量、零部件的标准化和通用化，还有其他一些因素与装配自动化密切相关。装配件的数量、加工精度和加工难易程度直接影响到自动装配设备的选型和设计。复杂的装配过程和较高的劳动强度是实现自动化的关键驱动因素。自动化可以显著降低其复杂性和劳动强度，提高生产效率和安全性。此外，产量增加的可能性也是评估自动装配投资回报的一个重要因素。如果未来有进一步增加产量的可能性，那么投资自动装配设备将更具吸引力。

（二）产品具有良好的自动装配工艺性

产品具有良好的自动装配工艺性是实现装配自动化的另一个关键因素。这意味着产品的设计应考虑到自动装配的需求，以便更容易、更有效地进行自动化装

配。以下是一些具体的要求和建议：

第一，产品的结构应尽量简单，装配零件的数量应尽量少。这是因为复杂的结构和大量的零件会增加自动装配的难度和成本。简单结构的设计有助于减少装配过程中的步骤和可能的错误，从而提高装配效率和准确性。

第二，装配基准面和主要配合面的形状应规则，以保证定位精度。这是因为规则的形状有助于提高装配的稳定性和重复性，从而保证装配质量。同时，有保证的定位精度有助于减少装配过程中的调整和修正工作，提高生产效率。

第三，运动副应易于分选，便于达到配合精度。运动副是产品中相对运动的部分，其配合精度对产品的性能和寿命有重要影响。易于分选的运动副有助于提高装配效率，同时保证配合精度，从而提高产品的质量和性能。

第四，主要零件的形状应规则、对称，易于实现自动定向。规则、对称的零件形状有助于简化自动装配过程中的定向和定位工作，从而提高装配效率和准确性。此外，规则的形状也有助于减少零件的库存和物流成本，提高生产效率。

（三）经济合理，生产成本降低

经济合理性是实现装配自动化的另一个重要方面。装配自动化涉及零部件的自动给料、自动传送以及自动装配等多个环节，这些环节相互紧密联系，共同构成了装配自动化的整体。

自动给料环节包括装配件的上料、定向、隔料、传送和卸料的自动化。这一环节的自动化可以确保零部件准确、高效地送达装配线，减少人工操作的时间和错误，提高生产效率。

自动传送环节涉及装配零件从给料口至装配工位的自动传送，以及装配工位之间的自动传送。这一环节的自动化有助于减少零部件在装配过程中的等待和搬运时间，提高生产线的连续性和稳定性。

自动装配环节包括自动清洗、自动平衡、自动装入、自动过盈连接、自动螺纹连接、自动粘接和焊接、自动检测和控制、自动试验等多个方面。这些自动化的装配过程可以确保产品的一致性和质量，减少人为错误，提高产品的合格率。

所有这些工作都应在相应的控制下，按照预定的方案和路线进行。通过实现给料、传送、装配的自动化，可以显著提高装配质量和生产效率，改善劳动条件，降低生产成本。

自动化的装配过程可以减少人工操作，降低人力成本。自动化的装配过程可以提高生产效率，减少生产周期，从而降低生产成本。此外，自动化的装配过程可以提高产品的一致性和质量，减少不合格品的产生，降低废品率和返工率，进一步降低生产成本。

第二节　自动装配的工艺过程

一、自动装配条件下的结构工艺性

结构工艺性是指产品和零件在保证使用性能的前提下，力求采用生产率高、劳动量小、材料消耗少和生产成本低的方法制造出来。自动装配工艺性好的产品零件，便于实现自动定向、自动供料、简化装配设备、降低生产成本。因此，在产品设计过程中，应采用便于自动装配的工艺性设计准则，以提高产品的装配质量和工作效率。

在自动装配条件下，零件的结构工艺性应符合便于自动供料、自动传送和自动装配三项设计原则。

（一）便于自动供料

自动供料是实现装配自动化的关键环节之一，它涉及零件的上料、定向、输送、分离等过程的自动化。为了使零件有利于自动供料，产品的零件结构设计应遵循以下要求：

首先，零件的几何形状应尽量对称，以方便定向处理。对称的零件在自动供料过程中更容易进行定位和定向，从而提高供料的准确性和效率。对称性有助于减少零件在供料过程中的卡滞和错误，降低废品率和返工率。

其次，如果零件由于产品本身结构的要求而不能对称，则应使其不对称程度合理扩大，以便于自动定向。例如，可以通过调整零件的质量、外形、尺寸等方面的不对称性来实现自动定向。这样可以利用自动供料系统的定向机制，确保零件在供料过程中的准确性和稳定性。

再次，零件的一端应设计成圆弧形，这样易于导向。圆弧形的设计有助于零件在自动供料过程中的顺利滑动和导向，减少卡滞和堵塞的情况，提高供料的连续性和稳定性。

最后，对于某些特殊形状的零件，在自动供料时必须防止其镶嵌在一起。例如，对于有通槽的零件，或者具有相同内外锥度表面的零件，应设计成内外锥度不等，以防止零件套入并卡住。这样可以确保零件在供料过程中的分离和独立，避免供料系统堵塞和故障。

（二）便于自动传送

零件的自动传送是实现装配自动化的另一个关键环节，它包括从给料装置至装配工位的传送以及装配工位之间的传送。为了实现有效的自动传送，零件的结构设计应满足以下具体要求：

首先，为了便于实现自动传送，零件除了应具有装配基准面外，还需考虑装夹基准面，以供传送装置装夹或支承。装配基准面用于零件在装配过程中的定位，而装夹基准面则用于零件在传送过程中的定位和固定。通过设计合理的装夹基准面，可以确保零件在自动传送过程中的稳定性和准确性，减少传送过程中的偏移和抖动。

其次，零部件的结构应带有加工的面和孔，供传送中定位。加工的面和孔可以作为定位基准，帮助传送装置准确地将零件传送到指定的位置。这些加工面和孔的设计应考虑到传送装置的夹具和夹持方式，以确保零件在传送过程中的准确性和稳定性。

最后，零件的外形应尽量简单、规则、尺寸小、重量轻。简单和规则的外形有助于减少传送过程中的阻碍和干扰，提高传送效率。较小的尺寸和较轻的重量可以减轻传送装置的负担，提高传送速度和稳定性。此外，较小的尺寸和较轻的重量也有助于减少零件在传送过程中的振动和偏移，提高传送精度。

总之，为了实现零件的自动传送，产品的零件结构设计应考虑到装夹基准面的设计、加工面和孔的设置以及零件外形的简单性、规则性、尺寸和重量等因素。这些设计要求有助于提高自动传送的准确性和效率，降低传送过程中的故障率和停机时间，从而提高生产效率和降低生产成本。

（三）便于自动装配

第一，零件的尺寸公差及表面几何特征应保证按照完全互换的方法进行装配。这意味着所有零件都应设计为能够与任何同类型的零件相互替换，而不会影响装配质量和性能。通过严格的尺寸控制和表面处理，可以确保零件在自动装配过程中的互换性和兼容性，减少装配错误和故障。

第二，零件数量应尽可能少，同时应减少紧固件的数量。减少零件数量有助于简化装配过程，降低装配复杂度和成本。减少紧固件的数量可以简化装配过程中的操作步骤，降低工具需求，提高装配效率。

第三，应尽量减少螺纹连接，并采用适应自动装配条件的连接方式，如粘接、过盈、焊接等。螺纹连接通常需要较多的操作步骤和工具，且容易受到装配精度和操作技巧的影响。相比之下，粘接、过盈、焊接等连接方式更适合自动装配，可以提高装配速度和稳定性。

第四，零件上应尽可能采用定位凸缘，以减少自动装配中的测量工作。定位凸缘可以作为零件的定位基准，帮助自动装配系统准确地将零件放置和固定在正确的位置。例如，将压配合的光轴用阶梯轴代替，可以简化自动装配过程中的定位和测量工作，提高装配效率。

第五，基础件的设计应为自动装配的操作留有足够的位置。这意味着基础件的结构应考虑到自动装配设备的工作空间和操作范围，确保装配过程中的可达性和可操作性。通过合理设计基础件的结构，可以提高自动装配的灵活性和适应性，减少装配过程中的阻碍和干扰。

第六，若零件的材料为易碎材料，宜用塑料代替。易碎材料在自动装配过程中容易发生破损，影响装配质量和效率。塑料材料通常具有较好的韧性和耐磨性，能够适应自动装配过程中的冲击和振动，减少零件的损坏和更换频率。

第七，为便于装配，零件装配表面应增加辅助定位面。辅助定位面可以作为零件在装配过程中的定位基准，帮助自动装配系统准确地将零件放置和固定在正确的位置。通过增加辅助定位面，可以简化装配过程中的测量和调整工作，提高装配效率。

第八，应最大限度地采用标准件和通用件。这样不仅可以减少机械加工，降低生产成本，而且可以加大装配工艺的重复性，提高装配效率。标准件和通用件的广泛应用有助于减少零件的库存和物流成本，提高生产效率。

第九，应避免采用易缠住或易套在一起的零件结构，必要时，应设计可靠的定向隔离装置。易缠住或易套在一起的零件结构容易导致自动装配过程中的堵塞和故障。通过设计可靠的定向隔离装置，可以确保零件在自动装配过程中的分离和独立，避免零件之间的粘连和缠绕。

第十，产品的结构应以最简单的运动把零件安装到基础件上去。最好是使零件沿同一个方向安装到基础件上去，这样在装配时没有必要改变基础件的方向，以减少安装工作量和提高装配效率。

第十一，如果装配时配合的表面不能成功地用作基准，则在这些表面的相对位置必须给出公差，且使在此公差条件下基准误差对配合表面的位置影响最小。通过合理设置配合表面的公差，可以确保零件在自动装配过程中的准确性和兼容性，减少装配错误和故障。

二、自动装配工艺的设计要求

自动装配工艺设计比人工装配工艺设计要复杂得多，通过手工装配很容易完成的工作，有时采用自动装配却要设计复杂的机构与控制系统。因此，为使自动装配工艺设计先进可靠、经济合理，在设计中应注意如下方面：

（一）自动装配工艺的节拍

在自动装配工艺的设计中，节拍的合理安排是确保装配效率和生产场地高效运作的关键。自动装配设备通常采用多工位刚性传送系统，并且多采用同步方式进行装配作业。这种方式允许多个装配工位同时进行装配，从而提高生产效率。

为了使各工位的工作协调一致，并充分发挥装配工位和生产场地的效率，必须确保各工位装配工作的节拍同步。节拍同步意味着各个装配工位的工作进度保持一致，避免因出现某些工位等待而其他工位过载的情况。

装配工序应尽量设计为可分阶段进行。对于装配工作周期较长的工序，可以采取同时占用相邻的几个装配工位的方法。这样，装配工作可以在相邻的几个装配工位上逐渐完成，从而平衡各个装配工位上的工作时间。这种方法有助于使各个装配工位的工作节拍相等，避免因某些工位工作周期长而导致整个装配线的效率降低。

（二）避免或减少装配基础件的位置变动

在自动装配工艺的设计中，减少装配基础件的位置变动是提高装配效率和准确性的重要考虑因素。自动装配过程涉及将装配件按照规定的顺序和方向装配到装配基础件上。为了确保这一过程的顺利进行，装配基础件通常需要在传送装置上自动传送，并在每个装配工位上准确定位。

在自动装配过程中，装配基础件的位置变动，如翻身、转位、升降等动作，可能会导致装配过程中的重新定位，从而增加装配时间和出错的可能性。因此，在设计自动装配工艺时，应尽量避免或减少装配基础件的位置变动。

减少装配基础件的位置变动有助于简化装配过程，提高装配效率。当装配基础件在传送装置上的位置保持稳定时，自动装配设备可以更准确地执行装配操作，减少装配错误和故障。此外，减少装配基础件的位置变动还有助于降低自动装配设备的复杂性和成本，提高设备的可靠性和稳定性。

（三）合理选择装配基准面

装配基准面通常是精加工面或面积大的配合面，同时应考虑装配夹具所必需的装夹面和导向面。合理选择装配基准面对于保证装配定位精度至关重要。装配基准面的选择应基于四项原则：第一，基准面应具有足够的面积，以便于定位和夹紧；第二，基准面应具有良好的表面质量，以确保装配精度；第三，基准面应易于识别，以便于自动装配系统识别和定位；第四，基准面的位置应便于装配操作，避免在装配过程中频繁调整零件位置。

（四）对装配零件进行合理划分

为提高装配自动化程度，必须对装配件进行分类。多数装配件是一些形状比较规则、容易分类分组的零件。按几何特性，可分为轴类零件、套类零件、平板类零件和小杂件四类；再根据尺寸比例，每类又分为长件、短件、匀称件三组。

通过分类分组，可以实现装配件的自动供料。

轴类零件：具有长而细的形状，适用于自动装配中的直线运动。

套类零件：具有短而粗的形状，适用于自动装配中的旋转运动。

平板类零件：具有较大面积的平面，适用于自动装配中的平面定位。

小杂件：形状不规则或尺寸较小的零件，需要特别设计的供料和定位系统。

通过合理的分类，可以采用相应的料斗装置实现装配件的自动供料，从而提高自动装配的效率和准确性。此外，合理的分类也有助于简化自动装配设备的设计，降低设备成本，并提高设备的通用性和灵活性。

（五）确定关键件与复杂件的自动定向

在自动装配工艺的设计中，对于形状规则的多数装配件，实现自动供料和自动定向相对容易。然而，还有少数关键件和复杂件，由于其特殊的设计和结构，不易实现自动供料和自动定向，这些零件往往成为自动装配失败的主要原因。

对于这些自动定向困难的关键件和复杂件，设计者需要权衡自动定向机构的复杂性和经济性。如果采用自动定向机构，则可能导致设备过于复杂，增加设备成本和维护难度。此外，自动定向机构可能需要更多地调整和校准工作，从而影响生产效率。

在这种情况下，采用手工定向或逐个装入的方式可能更为经济合理。手工定向允许操作者根据零件的具体形状和尺寸进行调整，以实现准确地装配。逐个装入的方式则允许操作者逐一检查和确认每个零件的装配位置和方向，确保装配质量。

尽管手工定向或逐个装入的方式可能降低生产效率，但在某些情况下，这是实现高质量装配的必要手段。特别是在关键件和复杂件的装配过程中，保证装配质量比提高生产速度更为重要。此外，通过合理的工艺设计和操作流程优化，也可以在一定程度上提高手工定向或逐个装入的方式的效率。

（六）对易缠绕零件进行定量隔离

装配件中的螺旋弹簧、纸箔垫片等都是容易缠绕粘连的，其中尤以小尺寸螺旋弹簧更易缠绕，其定量隔料的主要方法有以下两种：

第一，采用弹射器将绕簧机和装配线衔接。其具体特征为：经上料装置将弹簧排列在斜槽上，再用弹射器一个一个地弹射出来，将绕簧机与装配线衔接，由绕簧机统制出一个，即直接传送至装配线，避免弹簧相互接触而缠绕。

第二，改进弹簧结构。具体做法是在螺旋弹簧的两端各加两圈紧密相接的簧圈来防止它们在纵向相互缠绕。

（七）精密配合副需要进行分组选配

在自动装配过程中，精密配合副的装配质量直接关系到整个产品的性能和可靠性。为了确保装配质量，精密配合副的装配往往需要通过选配来实现。选配的过程就是根据配合副的具体配合要求，如配合尺寸、质量、转动惯量等参数，将配合副分成若干个小组，使得同一组内的配合副具有较高的配合精度和稳定性。

选配的分组数量取决于配合要求的精度，一般来说，分组数量越多，配合精度越高。但是，过多的分组会导致选配、分组和储料机构的复杂性增加，进而占用车间的面积和空间尺寸也越大。因此，在实际操作中，需要权衡配合精度和生产效率之间的关系，合理确定分组数量。

在进行分组选配时，还需要考虑选配、分组和储料机构的成本和维护问题。一般来说，选配机构越复杂，成本越高，维护难度也越大。因此，在设计选配系统时，应充分考虑成本和维护因素，力求实现成本效益最大化。

总之，在自动装配过程中，精密配合副的分组选配是一项重要的工作。通过合理分组，可以确保配合副的装配质量，提高产品性能和可靠性。同时，还需要注意选配机构的成本和维护问题，以实现生产效益的最大化。

（八）合理确定装配自动化的程度

装配自动化程度根据工艺的成熟程度和实际经济效益确定，具体方法如下：

第一，在螺纹连接工序中，多轴工作头由于对螺纹孔位置偏差的限制较严，又往往要求检测和控制拧紧力矩，导致自动装配机构十分复杂。因此，宜多用单轴工作头，且检测拧紧力矩多用手工操作。

第二，形状规则、对称而数量多的装配件易于实现自动供料，故其供料自动化程度较高；复杂件和关键件往往不易实现自动定向，所以自动化程度较低。

第三，装配零件送入储料器的动作以及装配完成后卸下产品或部件的动作，自动化程度较低。

第四，装配质量检测和不合格件的调整、剔除等项工作自动化程度较低，可用手工操作，以免自动检测头的机构过分复杂。

第五，品种单一的装配线，其自动化程度较高，多品种则较低，但随着装配工作头的标准化、通用化程度的日益提高，多品种装配的自动化程度也可以提高。

第六，对于尚不成熟的工艺，除采用半自动化外，还需要考虑手动的可能性；对于采用自动或半自动装配而实际经济效益不显著的工序，宜同时采用人工监视或手工操作。

第七，在自动装配线上，下列各项装配工作一般应优先达到较高的自动化程度：①装配基础件的工序间传送，包括升降、摆转、翻身等改变位置的传送；②装配夹具的传送、定位和返回；③形状规则而又数量多的装配件的供料和传送；④清洗作业、平衡作业、过盈连接作业、密封检测等工序。

第三节　自动装配的部件与机械

一、自动装配的部件

（一）自动装配的运动部件

在自动装配过程中，运动部件的精准控制和协调是实现高效、高质量装配的关键。装配工作中的运动可以从三个层面来考虑：首先，基础件、配合件和连接件的运动，这些是构成装配系统的主体部分，它们的运动状态直接影响到装配的准确性和效率；其次，装配工具，包括各种机械臂、夹具等的运动，它们的作用是对配合件进行定位、固定和组装；最后，完成的部件和产品的运动，这些运动涉及产品的最终定位和输出。

在坐标系中，运动可以被描述为一个点或物体随时间变化的位置，这包括位置和方向的变化。在自动装配过程中，输送或连接运动主要分为直线运动和旋转运动。每个运动都可以被分解为直线单位或旋转单位，这些单位作为功能载体，用于描述配合件运动的位置和方向以及连接过程。

在连接运动中，根据连接操作的复杂程度，常常需要将运动分解为三个坐标轴方向的运动。重要的是配合件与基础件能够在同一坐标轴方向上运动，无论这一运动是由配合件还是基础件来实现，其结果都是相同的。此外，工具相对于工件的运动可以由工作台执行，或者由模板带着配合件完成，也可以由工具或工具、工件双方共同来执行。

总之，在自动装配过程中，对运动部件的精确控制和协调至关重要。通过合理规划和设计运动路径及方式，可以提高装配效率，保证装配质量，从而提升整个自动装配系统的性能。

（二）自动装配的定位机构

在自动装配系统中，定位机构的性能对于确保装配精度和效率具有至关重要的作用。由于运动物体在实际操作中受到诸如惯性、摩擦力、质量变化以及轴承润滑状态等的影响，它们无法精确地停止。因此，在自动装配过程中，工件托盘和回转工作台等组件需要配备特殊的止动机构，以保证它们能够准确地停止在所需位置。

定位机构在自动装配中的要求极为严格，具体如下：

首先，它必须具备足够的承载能力，以适应装配过程中可能遇到的各种力量。在装配过程中，工件可能会受到来自不同方向的力的作用，因此定位机构必须能够稳定地承受这些力量，确保工件在装配过程中的位置稳定。

其次，定位机构必须具备高精度的定位能力。在自动装配中，装配精度的要求通常非常高，任何微小的位置偏差都可能导致装配失败或产品性能下降。因此，定位机构必须能够精确地控制工件的位置，确保装配过程中的精度要求得到满足。

再次，定位机构还需要具备快速响应能力。在自动装配过程中，装配速度也是一个重要的考量因素。定位机构应迅速地响应控制信号，实现工件的快速定位，提高整个装配过程的效率。

最后，定位机构的可靠性也是不可或缺的。在自动生产线中，定位机构需要持续稳定地工作，不得出现故障或失灵。因此，在设计定位机构时，应充分考虑其可靠性和可维护性，确保其在长期运行中的稳定性和可靠性。

二、自动装配的机械

装配机是一种按一定时间节拍工作的机械化的装配设备。有时也需要手工装配与之配合。装配机所要完成的任务是把配合件往基础件上安装，并把完成的部件或产品取下来。

随着自动化向前发展，装配工作（包括至今为止仍然靠手工完成的工作）可以利用机器来实现，产生了一种自动化的装配机械，即实现了装配自动化。自动装配机械按类型分，可分为单工位自动装配机与多工位自动装配机两种。为了解决中小批量生产中的装配问题，人们进一步发明了可编程的自动化的装配机，即装配机器人。它的应用不再是只能严格地适应一种产品的装配，而是能够通过调整完成相似的装配任务。

（一）单工位自动装配机

单工位自动装配机只有单一的工位，没有传送工具的介入，只有一种或几种装配操作。这种装配机的应用多限于只由几个零件组成而且不要求有复杂的装配动作的简单部件。在这种装配机上同时进行几个方向的装配是可能的而且是经常使用的方法。这种装配机的工作效率可达到每小时30~12000个装配动作。

单工位自动装配机在一个工位上执行一种或几种操作，没有基础件的传送，比较适合于在基础件的上方定位并进行装配操作。其优点是结构简单，可以装配最多由6个零件组成的部件。通常适用于两到三个零部件的装配，装配操作必须按顺序进行。这种装配机的典型应用范围是电子工业和精密工具行业，例如接触器的装配。

（二）多工位自动装配机

对三个零件以上的产品通常用多工位自动装配机进行装配，装配操作由各个工位分别承担。多工位自动装配机需要设置工件传送系统，传送系统一般有回转式或直进式两种。

工位的多少由操作的数目来决定，如进料、装配、加工、试验、调整、堆放等。传送设备的规模和范围由各个工位布置的多种可能性决定。各个工位之间有适当的自由空间，使得一旦发生故障，可以方便地采取补偿措施。一般螺钉拧入、冲压、成形加工、焊接等操作的工位与传送设备之间的空间布置小于零件送料设备与传送设备之间的布置。

如果零件定位和进料方向是一致的，采用这种布置时，进料轨道可以通过回转工作台的中心。

如果零件定位和进料方向呈 90°夹角，采用这种布置时，进料轨道应放在与回转工作台相切的位置，以保持零件的正确装配位置。回转式布置会形成回转工作台上若干闲置工位，直进式传送设备也有类似的情况。自动装配机的总利用率主要决定于各个零件进料工位的工作可靠程度，因此进料装置要求具有较高的可靠性。

装配机的工位数多少基本上已决定了设备的利用率和效率。装配机的设计又常常受工件传送装置的具体设计要求制约。这两条规律是设计自动装配机的主要依据。

检测工位布置在各种操作工位之后，可以立即检查前面操作过程的执行情况，并引入辅助操作措施。

（三）工位间传送方式

装配基础件在工位间的传送方式有连续传送和间歇传送两类。

1. 连续传送

在带往复式装配工作头的连续传送方式中，装配基础件连续传送，工位上装配的工作头也随之同步移动。对直线型传送装置，工作头需作往复移动；对回转式传送装置，工作头需作往复回转。在装配过程中，工件连续恒速传送，装配作业与传送过程重合，故生产速度高，节奏性强，但不便于采用固定式装配机械，装配时工作头和工件之间相对定位有一定困难。目前除小型简单工件采用连续传送方式外，一般都使用间歇传送方式。

2. 间歇传送

在间歇传送中，装配基础件由传送装置按节拍时间进行传送，装配对象停在装配工位上进行装配，作业一完成即传送至下一工位，便于采用固定式装配机械，避免装配作业受传送平稳性的影响。按节拍时间特征，间歇传送方式又可以分为同步传送和非同步传送两种。

（1）同步传送。间歇传送大多数是同步传送，即各工位上的装配件每隔一定的节拍时间都同时向下一工位移动。对小型工件来说，由于装配夹具比较轻小，传送时间可以很短，因此实用上对小型工件和节拍小于十几秒的大部分制品的装配，可采取这种固定节拍的同步传送方式。

同步传送方式的工作节拍是最长的工序时间与工位间传送时间之和，工序时间较短的其他工位存在一定的等工浪费，并且一个工位发生故障时，全线都会停车。为此，可采用非同步传送方式。

（2）非同步传送。非同步传送方式不但允许各工位速度有所波动，而且可以把不同节拍的工序组织在一个装配线中，使平均装配速度趋于提高；另外，个别工位出现短时间可以修复的故障时不会影响全线工作，设备利用率也得以提高，适用于操作比较复杂而又包括手工工位的装配线。

在实际使用的装配线中，各工位完全自动化常常是没有必要的，因技术上和经济上的原因，采用一些手工工位较为合理，因而非同步传送方式就采用得越来越多。

（四）装配机器人

如今，工业生产取得很大发展，工业产品大批量生产，机械加工过程自动化得到广泛应用，同时对产品的装配也提出了自动化、柔性化的要求。"随着智能化、无人化技术的发展，机器人自主装配将成为工业生产自动化、无人化主要发展方向".[①] 机器人技术上越来越成熟，逐渐成为自动装配系统中重要的组成部分。

---

①王小闯,徐达,王兆阳．机器人装配作业轨迹规划研究［J］．内燃机与配件,2021（22）：213.

一般来说，要实现装配工作，可以用人工、专用装配机械和机器人三种方式。如果以装配速度来比较，人工和机器人都不及专用装配机械；如果装配作业内容改变频繁，那么采用机器人的投资要比专用装配机械经济。此外，对于大量、高速生产，采用专用装配机械最有利，但对于大件、多品种、小批量、人力又不能胜任的装配工作，则采用机器人最合适。

能适应自动装配作业需要的机器人应具有工作速度快、可靠性高、通用性强、操作和维修容易、人工容易介入，以及成本及售价低、经济合理等特点。

装配机器人可分为非伺服型和伺服型两大类。非伺服型装配机器人指机器人的每个坐标的运动通过可调挡块由人工设定，因而每个程序的可能运动数目是坐标数的两倍；伺服型装配机器人的运动完全由计算机控制，在一个程序内，理论上可有几千种运动。此外，伺服型装配机器人不需要调整终点挡块，不管程序改变多少，都很容易执行。非伺服型和伺服型装配机器人都是由微处理器控制的。不过，在非伺服型装配机器人中，它控制的只是动作的顺序；而对伺服型装配机器人，每一个动作、功能和操作都是由微处理器发信和控制的。

机器人的驱动系统，传统上的做法是伺服型采用液压的，非伺服型采用气动的。现在的趋势是用电气系统作为主驱动，特别是新型机器人。液压驱动不可避免有泄漏问题，只有一些大功率的机器人现在和将来都要用液压驱动。气动系统装配质量较小、功率较小、噪声较小、整洁、结构紧凑，对柔性装配系统（FAS）来说更为合适。非伺服型采用可调终点挡块，能获得很高的精度，因此可应用它进行精密调整。

装配机器人的控制方式有点位式、轨迹式、力（力矩）控制方式和智能控制方式等。装配机器人主要的控制方式是点位式和力（力矩）控制方式。对于点位式而言，要求装配机器人能准确控制末端执行器的工作位置，如果在其工作空间内没有障碍物，则其路径不是重要的，这种方式比较简单。力（力矩）控制方式要求装配机器人在工作时，除准确定位外，还要求使用适度的力和力矩进行工作，因而，装配机器人系统中必须有力（力矩）传感器。

第五章 机械检测过程自动化及补偿

第一节 机械制造中的自动检测技术

一、检测自动化的目的与意义

"产品质量和加工精度不仅与自动化机械制造系统有着紧密的关系，还在很大程度上受到检测技术的影响，检测技术水平与产品质量和加工精度是呈正比例关系的。"①

制造活动中机械检测过程自动化，是指通过利用多种自动化检测装置，自动检测被测量对象的各项相关参数，持续提供一系列有价值的信息和数据。这些数据包括但不限于被测对象的形状、尺寸、缺陷情况，以及加工条件、设备运行状况等。自动化检测的应用不仅能够实现被加工零件的质量检查和质量控制，更能实现工艺过程的自动监控，确保设备的稳定运行。

随着计算机技术的快速发展，自动化检测的应用范围已从单纯的零件几何参数检测，扩展到对整个生产过程的质量控制。同时，其功能也从简单的工艺过程监控，发展到了实现生产条件的最优化控制。因此，自动化检测不仅是现代质量管理系统的技术基石，更是自动化加工系统中不可或缺的一环。在先进的制造技术领域，它发挥着为产品质量体系提供强有力技术支持的关键作用。

值得注意的是，尽管当前有多种自动化程度较高的自动检测方式可供选择，但这并不意味着在所有情况下都必须采用自动化检测手段，关键在于根据实际需求，综合考虑质量、效率和成本的最优组合，以决定是否采用以及采用何种自动检测方式。通过科学合理的选择，可以实现最佳的技术经济效益。在决策过程

---

①赵艳珍. 浅谈检测技术在自动化机械制造系统中的运用[J]. 轻纺工业与技术,2019,48 (10):126.

中，需要充分理解各种自动检测方式的特点和适用范围，以便根据具体情况做出最合适的判断。因此，对于是否采用自动检测手段以及采用何种方式，应基于实际情况进行综合分析和评估。

二、自动检测的主要特征信号

在现代制造系统中，产品质量的控制已超越了传统的检测方式，不再仅仅局限于对被加工零件的尺寸精度和粗糙度等几何量的单一直接测量。相反，现已扩展至对影响产品加工质量的机械设备和加工系统运行状态的全面检测和监控，通过间接的、多方面的手段来确保产品质量要求和系统运行的可靠性。

机械设备和加工系统的状态变化，必然在其运行过程中反映在某些物理量和几何量的变化上。以切削过程为例，刀具的磨损会导致切削力、切削力矩、振动等特征量的变化。因此，在采用自动检测和监控方法时，必须根据加工系统和设备的具体条件，精准选择被测的特征信号，这是至关重要的。

可供选择的检测特征信号繁多，在选择时必须遵循这些准则：首先，信号必须能够准确可靠地反映被测对象和工况的实际状态；其次，信号需要便于实时和在线检测，以确保检测过程的高效性和实时性；最后，还需要考虑检测设备的通用性和经济性，以在满足检测需求的同时，降低设备成本，提高经济效益。在加工系统中常用于产品质量自动检测和控制的特征信号有尺寸与位移、力与力矩、温度、振动、光信号、电信号和声音等。

（一）尺寸与位移

这是最常用作检测信号的几何量之一。尺寸精度是直接评价加工件质量的重要依据，在条件允许的情况下，应尽量直接检测工件尺寸。然而，在实时和在线检测的环境下，直接测量工件尺寸往往存在困难。在这种情况下，可以转而检测影响工件加工尺寸的机床运动部件（如刀架、溜板或工作台等）的位移量，以确保最终获得的工件尺寸精度符合要求。

（二）力与力矩

力与力矩是机械加工过程中至关重要的物理量，它们能够直接揭示加工系统的工况变化，比如切削力和主轴扭力矩的变化就能直接反映出刀具的磨损状态，并间接反映工件的加工质量。不过，由于直接测量这类特征信号在加工过程中往往面临一定的困难，所以实际运用中，人们通常依赖测量元件或传感器将其转换成电信号，以便于后续的数据处理和分析。

（三）温度

在许多机械加工过程中，由于摩擦和磨损不可避免，往往因此而带来温度的变化。这种温度变化不仅影响加工过程的稳定性，还可能对机械系统造成实质性的损害。过高的温度会导致机械系统发生变形，进而降低加工精度，因此，温度被广泛地用作特征信号进行实时检测和监控。

特别是在磨削加工过程中，磨削区温度的升高是一个需要密切关注的因素。如果磨削区温度过高，不仅会影响磨削效率，更可能烧伤工件的磨削表面，导致工件表面质量显著下降。因此，对加工过程中温度的有效控制和管理，对于保证加工质量和提高生产效率具有重要意义。

（四）振动

振动是加工系统中一种常见的特征信号，它蕴含着机床及其相关设备的工况和加工质量的丰富动态信息。这些信息包括刀具的磨损状态、机床运动部件的工作状态等，对于加工过程的监控和优化具有重要意义。振动信号由于其便于检测和处理的特点，能够提供较为精确的测量结果，从而有助于提升加工质量和效率。

（五）光信号

随着激光技术、红外技术以及视觉技术的持续进步和广泛应用，光信号已经成为加工系统实时检测和监控的重要特征量。这些技术能够精确地检测工件表面的粗糙度、形状以及尺寸精度，为加工过程的控制和优化提供有力支持。

（六）电信号

电信号作为人们最熟悉且最便于检测的物理量，在机械加工系统中发挥着至关重要的作用。尤其在其他物理参数，如主轴转矩，难以直接测量的情况下，常常将其转换成电信号进行间接检测。这种做法不仅可提高检测的准确性和效率，也可为控制系统的工况提供可靠的依据。因此，在机械加工系统中，通过检测电信号来控制系统工况，以确保加工产品质量的做法，已经成为最普遍的方法。

（七）声音

声音作为一种常见的物理量，其产生源于弹性介质的振动。与振动信号相似，声音同样能够从一个侧面反映加工系统的运行情况。这些特征信号在机械加工系统的自动检测和监控中发挥着重要作用。

为了确保加工系统的稳定运行和产品的高质量，必须根据实际生产条件和经济条件，合理选取需要检测的特征信号和测试设备。有时，单一信号可能不足以全面反映系统状态，因此组合检测多种信号也是一种有效的策略。

三、自动检测的内容

通常，机械加工工艺过程及其涉及的系统组件（即机床、刀具、工件、夹具及辅助设备）的运行状态，都是自动化检测所涵盖的关键领域。具体来说，自动化检测主要包含这些方面：首先，是对工件几何精度的精确测量与有效调控，这是确保加工质量的基础；其次，对刀具工作状态的实时监测与控制同样至关重要，它直接关系到加工过程的稳定性和效率；最后，对自动化加工工艺过程的全面监控也是不可或缺的，它有助于及时发现并解决潜在问题，确保整个加工过程的顺利进行。

四、自动检测装置

（一）检测装置的发展

尽管人工检测因其操作的简便性而在生产加工中被广泛应用，并且其检测工具也在不断进行改进与升级，但随着市场竞争的加剧，产品结构日趋复杂，产品设计与制造的周期逐渐缩短，加工设备正朝着大型化、连续化、高速化和自动化的方向发展。在这样的背景下，人工检测在检测精度和速度上已逐渐暴露出局限性，难以满足生产加工的现实需求。

随着计算机技术和信息技术的深入应用，机械制造领域迎来了自动化检测技术的蓬勃发展。各种自动化检测装置应运而生，如定尺寸检测装置、三坐标测量机、激光测径仪以及气动或电动测微仪等，它们能够精确地进行尺寸和形状的检测。此外，电涡流检测装置、机器视觉系统等也为检测提供了更多的选择。值得一提的是，3D 表面系统主要用于表面粗糙度的检测，而声发射、红外发射、探针等测量装置则能有效监测刀具的磨损或破损情况。同时，利用切削力、切削力矩、切削功率等参数对刀具磨损进行检测的装置也得到了广泛应用。这些自动化检测技术的运用，不仅提高了检测精度和速度，也为生产加工的高效进行提供了有力保障。

发展高效的自动检测设备，无疑是实现自动化生产的前提条件之一。随着机械加工产品精度的日益提升和表面粗糙度的逐渐降低，对检测技术的要求也愈发严格。与此同时，科学技术的不断进步推动着检测装置向更加精密和功能强大的方向发展。

在尺寸精度测量装置方面，针对不同尺寸的测量需求，各类传感器和仪器展现出了卓越的性能。对于小尺寸测量，电容式传感器测头以其高分辨率、高频响和低线性误差脱颖而出，其分辨率可达 $0.1nm$（量程 $5\mu m$），频响超过 $10kHz$，线性误差小于 0.1%。光电子纤维光学传感器测头同样表现出色，其分辨率可达 $0.5nm$（量程 $30\mu m$），线性误差控制在 5% 以内。此外，扫描隧道显微镜的分辨率更是达到了惊人的 $0.01nm$（量程 $20nm$），为微观世界的探索提供了有力工具。

对于大尺寸测量，外差式激光干涉仪和高精度氦氖激光干涉仪等设备展现出了极高的精度和稳定性。外差式激光干涉仪的分辨率可达 $1.25nm$（量程 $\pm 2.6m$），而高精度氦氖激光干涉仪的分辨率更是高达 $0.01nm$（量程 $2m$）。这些设备在大型机械加工和制造领域发挥着至关重要的作用。

此外，光栅尺作为一种常用的测量工具，其分辨率可达 $10nm$（量程 $1m$），为各类机械加工和制造过程提供了可靠的尺寸测量解决方案。

随着机械加工产品精度的不断提升和科学技术的快速发展，自动检测设备正朝着更高效、更精密的方向发展，为自动化生产的实现提供了有力保障。

（二）自动检测装置的主要分类

自动测量装置的门类和规格繁多，有以下分类方法：

1. 按测量信号的转换原理分类

电气式和气动式是两种常见的检测装置类型，它们在工业自动化和机械加工领域具有广泛的应用。电气式检测装置包括电感式、互感式、电容式、电接触式和光电式等多种类型。气动式检测装置则包括浮标式、波纹管式和膜片式等。

2. 按测量头与被测物的接触情况分类

在接触式测量中，量头直接与被测工件表面接触，工件参数的变化会直观地反映在量杆的移动量上。这一变化随后通过传感器转换为相应的电信号或气信号，以实现精确的测量。根据量头与工件表面接触点的数量又可分为单点式、两点式和三点式，每种方式均适用于不同的测量场景。

非接触式测量方式则无须量头与被测工件表面直接接触，它主要依赖气压、光束或放射性同位素的射线等媒介来反映被测工件参数的变化。由于避免了量头与工件的直接接触，这种方式可以有效防止因磨损而导致的测量精度下降，因此在某些特殊场景下具有显著优势。

3. 按检测目的分类

在测量领域中，涵盖了多个方面的检测内容。其中，尺寸测量涉及直线长度尺寸、内外径尺寸以及自由曲面弧度尺寸的测定；形状测量涵盖圆度、圆柱度、同轴度、锥度、直线度、平行度、平面度和垂直度等参数的评估；位置测量主要关注孔间距、轮廓间距以及孔到边缘距离的确定。

4. 按检测方式分类

在检测流程中，存在多种检测方式，包括加工后移至测量环境的被动检测、实时的在线主动检测以及加工过程中的工序间检测。

根据应用时间与场合的不同，自动化机床所应用的主动检验装置可分为三类：零件加工前的预检验装置、加工过程中的自动测量装置以及加工完成后的自动补偿装置。

对于零件加工前的预检验装置，其应用实例相对较少。以生产活塞的自动化工厂为例，在活塞重量修整工序中，工厂会预先对活塞进行自动称量，并根据称量结果，精确设定活塞在机床上的加工位置，以确保准确切除所需金属量。

而在零件加工过程中，自动测量装置的应用已日趋普遍。这些装置与机床、刀具、工件形成闭环系统，将实时获取的工件尺寸数据作为控制反馈信号，不仅有助于减少工艺系统的系统误差，还能有效规避偶然误差的发生。

至于加工完成后的自动补偿装置，它能够根据刚加工完成的工件尺寸信号，准确判断刀具的磨损状况。一旦工件尺寸超出预设范围，补偿机构便会立即启动，防止后续工件因刀具磨损而成为废品。

此外，加工与检验一体化的综合自动检测系统能够实现更为高效的主动检测。该系统通过实时报告检测结果、零件尺寸达标后机床自动退刀以及在出现废品风险时立即停机等措施，实现对工艺过程的主动控制，自动调节加工过程，并对加工参量进行自动补偿，从而达到良好的检测效果。

（三）测量元件与传感器

高性能的数控机床上通常配备位置测量元件和测量反馈控制系统。测量元件的分辨率一般要求在 $0.001 \sim 0.01$mm 范围内，测量精度则需控制在 $\pm 0.002 \sim 0.02$mm/m 内，且需满足机床以至少 10m/min 的速度移动。同时，配备数显装置的机床也采用位置测量元件。

在现代化制造系统中，坐标测量机和三维测头是常用的接触测量方法。坐标测量机受计算机控制，能与 CAD、CAM 等系统连接，形成包括 CAQC 在内的集成系统。三维测头用于数控机床和机器人测量站的自动检测。非接触测量方法分为光学和非光学两大类，光学方法涉及视觉系统和激光应用，而非光学方法则主要基于电场原理，辅以超声波和射线技术。

五、自动检测方式

机械加工是将原材料转变为产品的过程。为确保加工过程的顺利进行和质量的控制，关键在于精准把握加工过程中的各类数据信息。检测，正是获取、分析和处理这些数据信息的关键技术。检测手段多样，可人工或自动进行，检测对象包括几何量、物理量及工艺参量。

准确度检测的核心在于对比产品或工艺参量的实际值与理想值，从而确定误差值。误差主要分为随机误差和系统误差。随机误差较难控制，而系统误差则源于多种因素，如刀具磨损、机床因切削力和工件自重产生的变形、加工系统的热变形以及机床导轨直线度误差等，这些都会引发工件尺寸和形状上的误差。

在机械加工中，自动化检测主要针对工艺过程和产品。根据检测时机和环境的不同，可分为离线检测、在位检测和在线检测三种形式。

加工后脱离加工设备对被测对象进行的检测称为离线检测。离线检测的结果，由于与加工过程分离，可能无法完全反映加工时的实际情况，且无法实时连续监测加工过程的变化。在实际应用中，对产品的检测多数采用离线检测方式。在工件加工完成后，按照既定的技术验收条件进行验收和分组，检测内容包括尺寸和形状的精度、表面粗糙度、表面性能、材料组织、外观以及力学特性等。

在离线检测过程中，自动化设备能够将工件自动分类为合格品和废品，并在必要时将合格零件自动分组，以满足不同装配需求。然而，这种被动式的检测方法主要用于误差统计分析，通过数据分析可以找出加工误差的变化趋势，但无法直接预防废品的产生。

为确保检测的准确性和有效性，离线检测应当结合加工过程的实际情况，综合考虑多种因素，如设备状态、工艺参数、环境条件等。同时，为提高产品质量和降低废品率，还应积极探索和应用在线检测、实时反馈等先进技术手段，以实现对加工过程的实时监控和调控。

工件加工完成后，在机床的工作位置直接进行的检测被称作在位检测。这种检测方式既可选择事先将检测仪器固定在机床上，亦可依据需求临时安装。尽管在位检测同样局限于检测加工后的结果，但它有效避免了离线检测中因加工与检验定位基准不重合以及重复安装所产生的误差，使得检测结果更加贴近实际加工情况。值得一提的是，一旦发现工件不合格，可立即进行返修，可极大地减少工件搬运、重新对位安装等辅助作业所消耗的时间。

而在加工或装配过程中，对被测对象实施的实时检测则称为在线检测或主动检测。此类检测主要聚焦于加工设备及工艺过程的参量，例如切削负荷、刀具磨损及破损情况、温升变化、振动状态以及工件参数等。通过将检测结果与预设参量进行对比，并据此反馈调整，可以实现对加工过程的自动化控制。例如，根据检测数据调整进给量、自动补偿刀具磨损、自动退刀或停车等，确保加工过程能够灵活适应各种条件变化，从而有效预防废品的产生。在线检测的特点如下：

第一，它能够连续监测加工过程中的变化，及时捕捉误差的分布和发展，为实时误差补偿和控制提供有力支持。

第二，在线检测的结果能够真实反映加工情况，例如工件在加工中的热变形，这是离线检测所无法做到的。

第三，在线检测通常借助在线检测系统，实现自动化运行，从而提升工作效率。

第四，虽然在线检测时间较长，但接触式检测可能带来触头磨损、发热、接触不稳定等问题。因此，非接触传感器成为首选。使用这种方法，一方面不会破坏已加工表面，但另一方面对传感器性能要求较高。

第五，加工过程中的在线检测受到诸多条件限制，如传感器安置、信号导出、振动、噪声以及冷却液和切屑的影响等，因此实现起来颇具挑战性。在线检测可依据检测对象的不同，分为直接检测和间接检测两种类型。直接检测系统能够直接检测工件的加工误差，并实时进行补偿，是综合性较强的检测方式。这种方式虽能直观反映加工误差，但实现起来较为困难。间接检测系统侧重于检测产生加工误差的误差源，如机床主轴的回转运动误差或螺纹磨床的母丝杠热变形等，并据此进行补偿，以提高工件的圆度和螺距精度。相较于直接检测系统，间接检测系统的实现相对更为简单。

在检测领域引入计算机技术后，自动检测的功能范围得到了显著拓展，其应用已渗透到生产过程的各个阶段。这一过程不仅涵盖了工艺过程的实时监控，更延伸至实现生产过程的最佳条件适应性控制。从这一功能的视角来看，自动检测在质量管理系统中扮演着基础技术的角色，同时，它也是自动加工系统中不可或缺的重要组成要素。

第二节　工件加工尺寸测量的自动化

产品质量的核心指标之一即为工件加工尺寸精度，因此，在诸多自动化制造系统中，采用自动测量工件的方式以保障产品质量与系统稳定运行显得尤为重要。

在自动化制造系统中，工件尺寸与形状的在线测量功能占据举足轻重的地位。从工件加工误差的控制角度出发，其尺寸与形状误差可划分为随机误差和系统误差两类。系统误差通常源自被测量对象，如刀具磨损、机床因切削力和工件自重导致的变形、加工系统的热变形以及机床导轨直线度误差等，这些误差往往难以精准控制。为降低系统误差对工件加工精度的影响，实时在线检测工件尺寸与形状显得尤为关键。

除了磨床上所采用的定尺寸检测装置和摩擦轮方式外，尚不存在可实际投入使用的测量装置。值得注意的是，摩擦轮方式的装置目前仍停留在试验阶段，仅用于工序间的检测工作。尽管接触式传感器在数控机床上广泛应用于工件尺寸的测量，但这种测量系统主要服务于加工工序间或加工后的检测，并且多数情况下仍采用摩擦轮方式。因此，对于寻求高效且精确的测量方法而言，仍需进一步研发与创新。

在线检测与定尺寸检测装置在磨削加工设备中的应用广泛，其背后有三点原因支撑：首先，磨削过程中切削液的充分供应能有效去除磨削产生的热量，因此热变形问题得以减少；其次，现代数控机床已能较好地满足普通零件的尺寸和形状精度要求，从而降低了对在线检测的依赖；最后，目前市场上大部分的测量系统采用光学技术，而传感器在恶劣的加工环境中工作常受限制，其可靠性有待提高。

因此，除了定尺寸检测装置和摩擦轮方式，实用的在线检测系统用于工件尺寸和形状的测量仍然较少，这将是未来研究的重要方向。

在实现工件尺寸的自动测量过程中，需要借助各类测量装置。接下来，以磨床的专用自动测量装置、激光测径仪、三维测量头以及机器人辅助测量等为例，详细探讨自动测量的原理和方法。

一、自动测量装置

加工过程中的自动检测任务主要由自动测量装置承担。在大批量生产环境下，通过将自动测量装置集成于机床之上，操作人员无须中断加工流程，即可实时检测工件尺寸的变化。此外，该装置能够根据检测到的结果，发出相应的信号，进而实现对机床加工过程的精准控制，包括但不限于调整切削用量、暂停进给、退刀以及停机等操作。这一自动化流程不仅提升了生产效率，还显著提高了加工质量的稳定性。

二、激光测径仪

激光测径仪，作为一种非接触式测量装置，在热轧制件生产线，如钢管、钢棒的生产中发挥着重要作用。为确保生产效率和产品质量，轧制过程中轧件外径尺寸的随机测量显得尤为关键，以便及时调整轧机，确保轧件符合规格要求。此测量方式尤其适用于高温、高振动等恶劣条件下的尺寸检测。

激光测径仪主要由光学机械系统和电路系统构成。其中，光学机械系统涵盖了激光电源、氦氖激光器、同步电动机、多面棱镜以及多种形式的透镜和光电转换器件，而电路系统则包括整形放大、脉冲合成、填充计数、微型计算机、显示器及电源等部分。

除了工件直径等宏观几何信息，工件的微观几何特性，例如圆度、垂直度等，同样需要进行自动检测。相较于宏观信息的在线检测，微观信息的在线检测技术尚待完善，目前并未广泛集成于机床中，仍是一个值得深入研究的课题。直线度等微观信息的检测方法包括刀口法、基于标准导轨或平板的测量法以及准直仪法等，但这些方法在实现在线检测方面仍面临一定挑战。

三、三维测量头

CMM 的测量精度卓越，为确保其高精度测量并减少由环境温度波动、振动等因素导致的误差，需将其稳固安装于专用地基上，并在理想环境下运行。将被测零件从加工区域移至测量机的过程中，部分零件需多次往返，对于质量控制要求不甚严格或精度要求不高的零件而言，这种做法显然成本较高。为此，可考虑将三维测量头直接集成于计算机数控机床上，使机床兼具 CMM 的功能，从而避免购买昂贵的 CMM 设备。这种配置允许机床自动补偿尺寸偏差，提升加工精度，并减少工件转运和等待时间，但相应地会占用机床的切削时间。

在现代数控机床，特别是加工中心类机床上，测量头通常可存放在机床刀库中。当需要检测工件时，机械手会取出测量头，并像更换刀具一样进行快速交换，将其安装至机床主轴孔。工件经过高压切削液清洗，并用压缩空气吹干后，测量杆的测头会轻触工件表面，随后通过感应式或红外传输式传感器将信号传送至接收器，再进一步传递给机床控制器。控制软件随后对接收到的信号进行必要的计算和处理。

四、机器人辅助测量

随着工业机器人技术的日益发展，其在测量领域的应用也逐渐得到广泛关注。机器人辅助测量具备在线实时、高效灵活等优势，尤其适用于自动化制造系统中的工序间和过程测量。相较于三坐标测量机，机器人辅助测量不仅成本低，而且使用更为灵活，易于集成至生产线中。

机器人辅助测量主要分为直接测量和间接测量两种方式。直接测量，亦称绝对测量，要求机器人具备较高的运动与定位精度，因此其成本相对较高。间接测量，也称为辅助测量，在测量过程中机器人的坐标运动并不直接参与测量，而是模拟人的动作将测量工具或传感器送达指定位置。以印刷电路板的精准测量为例，间接测量方法展现了其独特优势。

间接测量方法的特点在于，机器人可以采用通用的工业机器人，如在车削自动线上，机器人在完成上下料任务后，可立即进行测量工作，无须专为测量而配置额外的机器人，从而可实现机器人的多功能在线应用。不过，这种方法对传感器和测量装置的要求较高。由于允许机器人在测量过程中存在一定的运动或定位误差，因此传感器或测量仪需要具备较高的智能性和柔性，能够自主进行姿态和位置调整，独立完成测量任务。

第三节　刀具状态的自动识别与监控

一、刀具磨损的检测识别

（一）刀具磨损的直接检测与补偿

在加工中心或柔性制造系统中，由于加工零件通常批量较小且涉及混流加工，所以确保各加工表面的尺寸精度显得尤为关键。一种有效的策略是直接检测刀具的磨损程度，随后通过控制系统和补偿机构来修正相应的尺寸误差。

针对切削刀具，直接测量磨损量可涵盖其后刀面、前刀面或刀刃的磨损情况；对于磨削工艺，砂轮半径的磨损量是重要指标；在电火花加工中，电极的耗蚀量也需精准测量。

当镗刀处于测量位置时，测量装置将接近刀具并与刀刃接触。磨损测量传感器将从刀柄的参考表面获取读数，而刀刃与参考表面两次相邻读数的变化即反映刀刃的磨损程度。整个测量过程、数据的计算以及磨损值的补偿，均可由计算机系统精准控制和完成，从而确保加工精度的持续提升。

（二）刀具磨损的间接测量

在多数切削加工过程中，刀具磨损区域常常受到工件、其他刀具或切屑的遮挡，导致直接测量刀具磨损值变得困难，因此间接测量方式更常被采用。除了工件尺寸外，切削力或力矩、切削温度、振动参数、噪声以及加工表面粗糙度等均可作为评估刀具磨损程度的重要指标。对这些参数的监测和分析，有助于更准确地了解刀具的磨损状况，进而优化切削加工过程。

1. 以振动信号为判据

振动信号对刀具磨损和破损的敏感度仅次于切削力和切削温度，因此在刀具状态监测中占据重要地位。通常，人们会在刀架的垂直方向上安装一个加速度计，用以拾取和导出振动信号。这些信号经过电荷放大器、滤波器和模数转换器处理后，被送入计算机进行数据处理和比较分析。当判别刀具磨损的振动特征量超过预设的允许值时，控制系统将发出换刀信号。

由于刀具正常磨损与异常磨损之间的界限具有一定的模糊性，因此确定一个准确的设定值较为困难。为此，建议采用模式识别方法构建判别函数，并在切削过程中自动修正设定值，以确保在线监控的准确性。

2. 以切削力为判据

刀具在切削过程中的磨损情况可以通过切削力的变化来直接反映。具体而言，当刀具磨损时，切削力会随之逐渐增大。而一旦刀具发生破损，切削力会急剧增加。此外，在加工系统中，由于加工余量不均匀等因素的存在，也可能导致切削力的变化。因此，通过监测切削力的变化，可以有效地判断刀具的磨损状态和破损情况，进而采取相应的措施进行维护或更换，以确保加工过程的稳定性和效率。

二、刀具的自动监控

随着柔性制造系统、计算机集成制造系统等自动化加工技术的不断进步，对加工过程中刀具切削状态的实时在线监测便变得愈发关键。在自动化制造体系中，设置刀具磨损、破损检测与监控装置显得尤为重要，这有助于预防工件成批报废和设备损坏等事故的发生。刀具自动监控的范围广泛，涵盖刀具寿命的预测、刀具磨损的监测、刀具破损的检测以及其他形式的刀具故障预警，从而确保加工过程的稳定与高效。

（一）刀具寿命的自动预测

刀具寿命检测的核心原理在于对刀具加工时间的累积记录，进而直接监控刀具的使用寿命。一旦累计时间触及预设的刀具寿命阈值，便会触发换刀信号，此时计算机控制系统将立即中断当前加工任务，或在完成当前工件加工后自动停车换刀。通过这种检测装置的定时与计数功能，能够有效地实施刀具寿命管理。

此外，还存在一种基于功率监控统计数据的刀具寿命监测方法。这种方法无须预先设定刀具寿命，而是根据调用的"净功率-时间"曲线和可变时钟频率信号，灵活适应不同刀具和切削用量，实现刀具寿命的实时监控。它能够即时显示刀具使用寿命的百分比，一旦示值达到100%，即意味着刀具已达到临界磨损状态，此时应及时更换刀具。

（二）刀具磨损、破损情况的自动监测

经过长期的探索与实践，人们发展并应用了多种刀具磨损与破损的自动监测方法，这些方法大致可以划分为直接法与间接法两大类别。直接法涵盖视觉图像法、接触法以及激光法等多种技术手段。间接法包括切削力（扭矩）法、功率（电流）法、切削温度法、声发射法、噪声/振动分析法以及加工表面纹理与粗

糙度辨识法等多元化方法。

1. 切削力扭矩监测

切削过程中产生的切削力不仅是制定切削用量和设计切削机床的重要依据，同时也是表征切削过程的关键特征以及自动化加工中对切削过程进行监测的重要信号。切削力可用作自适应控制切削过程的重要参数，其变化与刀具的磨损、破损状态密切相关。在刀具磨钝或轻微破损时，切削力会逐渐增大；而当刀具突然崩刃或破损时，切削力会在不同方向上出现显著增大，因此切削力的比值或比值的导数可以作为判别刀具磨破损的重要依据。采用切削力作为工况监测信号，具有反应迅速、灵敏度高的优点。

测力仪能够准确测量动态切削力，并同时测量各向切削分力和扭矩。根据测量方法和测力传感器的不同，测力仪可分为机械式、液压式、电容式、电感式、炭堆电阻式、电阻应变片式和压电晶体式等多种类型。其中，压电晶体式传感器因其高灵敏度和小受力变形特性而得到广泛应用。

石英作为一种透明单晶体，具有各向异性，其外形呈六棱柱状。根据需求，石英晶体可以被切割成不同方向和尺寸的晶片。在无外力作用时，石英晶体内部的正负电荷重心重合，总电矩为零，晶体表面不产生电荷。然而，当受到外力并沿特定方向发生形变时，正负电荷会偏离平衡位置，导致重心不重合，从而使总电矩发生改变，晶体两相对表面产生电荷现象。

石英力传感器正是利用了这种机械力作用产生的表面电荷效应。不同方向切割的石英晶体在受到力的作用时，电荷产生的方向也会有所不同。测力仪中的压电晶体式传感器利用纵向压电效应和切向压电效应，通过垂直于不同轴向切割的晶片来实现对不同方向力的敏感测量，从而避免分力之间的相互干扰。

典型的切削力测量系统包括测力计、电荷放大器、信号采集卡、计算机和切削力测量软件。压电传感器输出的电荷经过电荷放大器的放大和转换，变为计算机信号采集卡可读取的电压信号。这些信号被读入计算机后，通过专用软件进行处理，可以根据需要输出测量值或绘制力的变化图形。为确保测量准确性，测力仪在使用前需要进行静态和动态标定，以便将测力时的电压输出读数准确转换为力值。

2. 功率（电流）监测

功率（电流）法是通过测定主轴负荷功率、电流电压相位差及电流波形变化等参数，来判定切削过程中刀具是否出现破损。当刀具发生磨损或破损时，由于切削力的增大，切削功率会相应增加，进而导致机床驱动主运动的电机负载增大。

3. 声发射监测

声发射法在刀具破损识别方面，作为一种备受瞩目的监控手段，具有显著的应用价值。声发射现象，即固体材料在受到外力或内力作用时，发生变形、破裂或相位改变，进而以弹性应力波的形式释放能量的过程。这一过程所产生的声发射信号，可通过压电晶体等传感器进行有效检测。

在切削加工过程中，刀具的锋利程度直接影响切削的顺畅性。若刀具锋利，切削过程将更为轻快，刀具所释放的变形能相对较小，因此声发射（AE）信号相对微弱。然而，随着刀具的磨损，切削抗力会逐渐上升，导致刀具的变形增大。这一过程会伴随高频、大幅度的声发射信号增强，尤其在刀具即将破损前，声发射（AE）信号会出现急剧增加的现象。

4. 振动信号监测

振动信号对刀具磨损和破损表现出极高的敏感性。针对易折断的小直径钻头和丝锥等工具，在攻螺纹前的工位设置刀具破损自动检测机制显得尤为重要，以便及时发出警报，防止在攻螺纹工序中发生工具损坏和废品批量产生。为了有效捕捉振动信号，人们在刀架的垂直方向安装了一个加速度计，负责信号的获取与导出。这些信号随后经过放大、滤波和模数转换，最终被送入计算机进行数据处理和对比分析。

一旦计算机判断刀具磨损的振动特征量超出了预设的允许范围，控制器便会立即发出换刀信号。然而，由于刀具正常磨损与异常磨损之间的界限往往较为模糊，针对不同工况设定合适的特征量临界值是一项复杂的任务。为确保在线监控的准确性，需要借助模式识别技术构建判断函数，并在切削过程中自动调整界定值。

5. 切削温度监测

在切削和磨削过程中，所消耗的功高达 97%～99% 转化为热能。其中，大部分热能通过切屑、工件和刀具散发，而少量则以热辐射的形式散布至周围环境。这些切削热和磨削热不仅可能引发工件形变，影响加工精度，还可能造成工件表面金相组织变化甚至烧伤，进而降低零件的耐磨性。此外，切削热亦是刀具磨损的重要因素之一。因此，对切削和磨削温度的在线监测对于掌控加工过程、实现自动化加工至关重要。

在切削、磨削温度的测量中，热电偶法和红外测温法应用广泛。热电偶法通过刀具与工件组成的自然热电偶，来测量刀具与工件接触面的平均温度。红外测温法利用物体的热辐射特性进行非接触式测温，具有测量范围大、速度快的优势。

热电偶法利用刀具和工件作为热电偶的两极，在切削过程中，刀具与工件接触形成测温回路。随着刀—工接触处温度的升高，形成热端，而测温电路的引出端保持室温，作为冷端。因此，在测温回路中产生温差电势，其大小反映了热端与冷端的温差。通过测量温差电势，并结合刀具、工件的材料与温差电势的标定关系，便可求得切削中刀—工接触面的平均温度。

在应用热电偶法测温时，需关注冷端温度上升可能导致的附加电势问题。为降低此影响，可采取措施使冷端保持低温，如采用接长杆或补偿导线，使冷端远离热端。此外，还需解决从高速旋转的刀具或工件上导出热电势信号至静态接点的问题，常用方法包括使用铜顶尖、水银集流器或电刷，但同样需对这些附加电势进行补偿。

红外测温法利用物体的热辐射特性进行测温。这种方法具有非接触性，测量范围广泛且速度快。通过红外电温度计，可测量刀具或工件端面某点的温度；若与刀具或工件同步移动，还可实现某点温度的动态检测。多点布置的红外电温度计能测量刀具或工件表面的温度分布。红外温度传感器种类繁多，其中高精超小系列的红外测温探头小巧且测温范围广泛，信号输出方式多样。基于计算机的数据采集与处理，红外测温技术在自动化生产中得到了广泛应用。

然而，由于工件和刀具并非黑体，应用红外测温技术时需进行标定，即确定被测物体表面温度与测温仪器接收的红外辐射强度之间的关系。这通常通过实验标定法实现。

为更直接地测量刀具和工件的温度分布，可使用红外热像仪。这种仪器能够接收被测目标的红外辐射能量分布，并将其转化为可见的红外热图像。热图像上的不同颜色代表了被测物体表面的不同温度。现代的红外热像仪还具备红外图像与可见光图像的合成功能，部分型号甚至能动态监视和保存图像。与计算机视频和图像技术结合后，红外热像仪可用于加工过程的温度分布监视和记录。

6. 监测工件已加工表面

基于机器视觉和利用激光监测工件已加工表面状态，相对于其他的监测方法，这类非接触式刀具状态监测方法具有所需设备和时间少、激光可以远距离发送和接收的优点。这种方法目前得到一些应用，并可能逐步发展成为刀具状态监测的重要手段。

7. 多传感器信息融合

工具磨破损状态的间接检测方法众多，每种方法均独具特色与局限。为了通过间接法实现刀具磨破损状态的高效监控，需构建理想的刀具磨损检测模型。此模型需对刀具状态变化保持高度敏感，而对切削条件变化则保持相对的稳定。同时，开发具备灵敏度、稳定性与实用性的测量装置也至关重要。

单一传感器检测技术仅能捕捉局部信号源信息，其信息量受限且抗干扰能力较弱，这在一定程度上制约了监测系统可靠性的提升。因此，刀具状态监测的信息采集正逐步向多传感器监测技术转变。通过运用多传感器监测技术，可以对切削过程中的刀具状态进行实时在线监测。这种技术能够提供多元化的信息源，并结合多种特征参数进行综合分析，从而更全面、精准地反映切削过程的特征。多传感器监测技术具备信息覆盖广泛、抗干扰能力强的显著优势。

三、刀具破损监控的方法

（一）气动式监控

这种监控方式的工作原理和布置与光电式监控装置相似。钻头返回原位后，气阀接通，气流从喷嘴射向钻头，当钻头折断时，气流就冲向气动压力开关，发出刀具折断信号。这种方法的优缺点及适用范围与光电式监控装置相同，但同时还有清理切屑的作用。

（二）探针式监控

这种方法主要用于测量孔的加工深度，并间接检查孔加工刀具（如钻头）的完整性。此法尤其适用于那些加工中易折断的刀具，例如直径在 10~12mm 的钻头。这种检测方法因结构简单而得到了广泛应用。

探针检查装置被安装在机床的移动部件上，如滑台或主轴箱。当探针向右移动并进入工件的已加工孔内时，如果孔深不足或钻头折断、切屑堵塞，探针板会压缩滑杆，克服弹簧力后退。这一动作会使挡铁压下限位开关，发出信号，指示下一道工序无法继续。然而，这种故障信号并不会立即停止自动线的工作，而是等待其完成当前工作循环后才停止。因为立即停止可能导致自动线上的刀具受损。

（三）光电式监控

利用光电式监控装置，可以直接对钻头的完整性或是否发生折断进行检测。具体过程为：光源发出的光线会经过隔板中的小孔，直接照射到刚完成加工并退回的钻头上。若钻头完好无损，光线会受到阻碍；而一旦钻头发生折断，光线则会顺利照射到光敏元件上，进而触发停车信号。这种检测方式属于非接触式范畴，其特点在于一个光敏元件仅适用于对一把刀具进行检测。

四、监控系统的组成及功能

有效监控加工过程不仅是机械制造自动化不可或缺的基本要求，还是确保生产效率和产品质量的关键环节。在线监控技术涵盖了广泛的技术领域，尤其突出的是传感技术和计算机技术。自动化加工过程的监控系统构建在四个核心系统之上，即信号检测系统、状态识别系统、特征提取系统，以及决策与控制系统。

（一）信号检测系统

在机械加工过程中有众多状态信号，它们各自独特地揭示着加工进程的深浅与状态的变化轨迹。在这些信号中，切削力和切削功率等检测信号尤为常见。为确保监控的精准与高效，挑选恰当的检测信号至关重要。所选信号应能迅速且精确地捕捉加工状态的变化，同时易于实施监测。尤为重要的是，被检信号应具备稳定性，确保信号检测过程不会对整体机械加工造成干扰。这些监控信号通过相应的传感器捕捉，并经过预处理，为后续分析提供可靠的数据基础。

（二）状态识别系统

通过构建科学有效的识别模型，便可以依据所获取的加工状态特征参数，对加工过程的状态进行细致的分类与判断。这一过程实质上是建立特征参数与加工状态之间的映射关系。建模方法涵盖了统计法、模式识别、专家系统、模糊推理判断法以及神经网络法等。

（三）特征提取系统

特征提取是基于被检信号的又一次加工，并从大量的检测信号中提取出最相关的特征参数，其目的是提高信号的信噪比，增强系统的抗干扰能力。常用的提取方式有时域法和频域法等，提取的特征参数质量将直接影响监控系统的性能和可靠性。

五、加工设备的监控

在自动化加工设备的运行过程中，由于零部件和元器件受到力、热、摩擦、磨损等多种因素的影响，会导致各种物理的、化学的信号以及几何参数等运行状态不断发生变化。一旦这些信号和参数的变化超出设定的范围，便会被认定为设备运行异常。自动化加工设备自动监控的主要目标，即通过将设备反馈的监测数据与输入的技术数据进行对比，通过比较差值对设备进行优化控制，从而实现对故障的检测与诊断。

对加工设备进行自动监控的首要步骤是状态量的监测。这一环节通过适当的传感器实时检测设备的运行状态参数是否在正常范围内。常见的监测参数包括振动（位移、速度或加速度）、温度、压力、油料成分、电压、电流以及声发射等。例如，当机床等设备的振动幅值或频谱变化超出常规范围时，可能意味着设备的轴承、齿轮、转轴等运动部件出现了磨损、破损等故障；监测设备温度可以判断主轴轴承、移动副等部位的配合和磨损状态；监测油压、气压有助于及时发现油路、气路的泄漏情况，预防因夹紧力不足而引发的故障；通过对润滑油成分变化的监测，能够预测轴承等运动部件的磨损状况；通过电压、电流的监测可以掌握电子元件的工作状态和负荷情况。此外，通过监测声发射信号，可以判断机床轴承、齿轮的破裂等故障。

在获取状态量监控数据流的基础上，需要进一步对加工设备的运行异常进行判别。这一过程涉及对状态量测量数据的适当信息处理，以判断是否存在设备异常的信号。对于由状态量逐渐变化引起的运行异常，可以通过计算平均值来进行判别。然而，在某些情况下，即使状态量的平均值保持稳定，其变化量的逐渐增加也可能预示着设备异常。此时，仅依赖平均值的判别方法可能不再适用，而需要利用方差值进行更精确的判别。例如，在处理振动数据时，如果异常现象是由滚动轴承损伤产生的特定频率振动，那么仅通过振动信号的方差可能难以发现，这时就需要采用相关分析、谱分析等信号处理方法来准确判别。

值得注意的是，对设备的运行状态监测和状态异常的判别，只能确定设备运转是否正常，但无法识别出故障的具体原因和位置。因此，在发现异常后，还需要进行故障诊断以查明故障根源。故障诊断是一个复杂且耗时的过程，通常需要借助人工智能、故障检测与诊断专家系统等工具来完成。随着制造业的发展，加工设备的结构日益复杂和精巧，多学科技术的综合应用也对故障诊断技术提出了更高的要求。同时，设备的模块化、数字化、智能化趋势也为故障诊断提供了有利条件。

第四节 自动化加工过程的检测与补偿

一、加工尺寸的自动检测

工件尺寸精度是直接反映产品质量的指标，因此，在绝大多数的加工系统中，都采用直接测量工件尺寸来保证产品质量和系统的正常运行。

（一）长度测量

长度测量用的量仪按测量原理可分为机械式量仪、光学量仪、电动量仪和气动量仪四大类，而适于大中批量生产现场测量的，主要有电动量仪和气动量仪两大类。

1. 电动量仪

电动量仪一般由指示放大部分和传感器组成，电动量仪的传感器大多应用于各种类型的电感和互感传感器及电容传感器。

（1）电动量仪的原理。电动量仪一般由传感器、测量处理电路及显示、执行部分所组成。由传感器将工件尺寸信号转化成电压信号，该电压信号经后续处理电路进行整流滤波后送 LCD 或 LED 显示装置显示，并将其送执行器执行相关动作。

（2）电动量仪的应用。各种电动量仪广泛应用于生产现场和实验室的精密测量工作。特别是将各个传感器与各种判别电路、显示装置等组成的组合式测量装置，更是广泛应用于工件的多参数测量。

在进行各类长度测量时，电动量仪能够灵活地选择单传感器或双传感器进行测量。采用单传感器进行传动装置的尺寸测量，其显著优势在于仅需一个传感器，从而可有效降低成本。

2. 气动量仪

气动量仪将被测盘的微小位移量转变成气流的压力、流量或流速的变化，然后通过测量这种气流的压力或流量变化，用指示装置指示出来，作为量仪的示值或信号。

气动量仪具有显著的放大倍率优势，通常能够达到 2000~10000 倍，其测量精度与灵敏度均表现出色。各类指示表能够精准捕捉被测对象的微小尺寸变化，使得读数更为清晰直观。在操作上，气动量仪简便易行，能够实现非接触式测量，可有效避免对被测对象的干扰。此外，其测量器件结构紧凑，易于实现小型化，因此使用非常灵活。值得一提的是，气动量仪对周围环境的抗干扰能力较强，因此在加工过程的自动测量中得到了广泛的应用。然而，气动量仪对气源的要求较高，且响应速度稍显缓慢。一般而言，气动量仪主要由指示转换部分和测头两部分构成，这两部分的协同工作使得气动量仪能够完成高精度的测量任务。

（二）形状的精度测量

气动量仪在形位误差测量方面的应用，其指示转换部位与用于测量长度尺寸的量仪存在相似之处，关键在于测头的差异。通常需要确定误差的最大值和最小值的代数差（峰—峰值）或者这些值代数和的一半（平均值），以准确评估被测工件的误差情况。为实现这一目标，可以采用单传感器配合峰值电感测微仪的方式进行测量，或者通过双传感器的"和差演算"法来精确测量。

（三）自动化加工过程中的主动测量装置

加工过程中的主动测量装置，一般作为辅助装置安装在机床上。在加工过程中，不需停机测量工件尺寸，而是依靠自动检测装置，在加工的同时自动测量工件尺寸的变化，并根据测量结果发出相应的信号，控制机床的加工过程。

1. 主动测量装置的类型划分

主动测量装置依据其工作原理，可划分为直接测量与间接测量两大类。在直接测量时，测量装置在加工过程中直接利用量头对工件的尺寸变化进行实时测量，从而主动监控并调控机床的工作状态。间接测量装置依赖于预先精确调整好的定程装置，通过控制机床的执行部件或刀具行程的终点位置，以间接的方式实现对工件尺寸的精准控制。

（1）直接测量装置。直接测量装置根据被测表面的不同，可分为检验外圆、孔、平面和检验断续表面等装置。测量平面的装置多用于控制工件的厚度或高度尺寸，大多为单触点测量，其结构比较简单。其余几类装置，由于工件被测表面的形状特性及机床工作特点不同，因而各具有一定的特殊性。

第一，外圆磨削自动测量装置由多个核心组件构成，包括量头、浮标式气动量仪、晶体管光电控制器以及光电传感器。在安装时，量头被精确固定在磨床的工作台上，其中测量杠杆的硬质合金端面与工件的下母线紧密接触，以确保测量的准确性。同时，杠杆的另一端面与气动喷嘴之间保持一个恒定的间隙 Z，这一设计有助于维持测量过程中的稳定性。测量杠杆具备一定的弹性变形能力，对于保持触点对工件的恒定测量力至关重要。当工件经过磨削达到预定的尺寸时，浮标会精确地切断光电控制器从灯泡发出的光束。这一动作会触发光电传感器输出一个信号，进而指示砂轮及时退出工件，从而实现精确的自动测量与控制。

第二，双触点测量装置。双触点测量装置能保证较高的测量稳定性，同时便于自动引进和退离工件，且结构较简单，厚度尺寸小，在自动和半自动的外圆磨床、曲轴磨床上被广泛采用。

（2）间接测量装置。间接测量装置是主动测量技术的重要组成部分。与直接测量装置相比，间接测量装置不是直接对工件尺寸进行测量，而是依赖预先设定的定程装置来间接控制工件的尺寸精度。这种方式虽然不直接获取工件的尺寸数据，但其稳定性和可靠性在特定应用场景下具有显著优势。

间接测量装置的关键在于其定程装置的精妙设计与精准调整。定程装置由一系列相互协作的机械、液压或电子组件构成，这些组件共同运作，确保机床的执行部件或刀具在抵达预设的行程终点时能够精准地停止运动，进而实现对工件尺寸的间接控制。

2. 主动测量装置的技术要求

（1）测量装置的杠杆传动比不宜太大，测量链不宜过长，这样才能保证必要的测量精度和稳定性。对于两点式测量装置，其上下两测端的灵敏度必须相等。

（2）进行测量工作时，务必确保测端与工件保持紧密接触，避免产生间隙。由于测端施加的测力对测量结果具有显著影响，因此必须谨慎选择测力大小。过大的测力不仅会降低测量精度，还可能划伤工件表面；测力过小可能导致测量不稳定，影响结果的准确性。在确定测力大小时，需综合考虑测量装置各部件的质量、测端的自振频率以及实际加工条件。

（3）测绘材料应十分耐磨，可采用金刚石、红宝石、硬质合金等。

（4）测臂和测端体应用不导磁的不锈钢制作，外壳体用硬铝制造。

（5）测量装置应有良好的密封性。无论是测量臂和机壳之间，传感器和引出导线之间，还是传感器测杆与套筒之间，均应有密封装置，以防止切削液进入。

（6）传感器的电缆线应柔软，并有屏蔽，外皮应是防油橡胶。

（7）测量装置的结构设计应便于调整，推进液压缸应有足够的行程。

二、加工过程的自动在线检测和补偿

"通过先进且合适的在线检测系统、设计和运用补偿加工闭环系统能够在一定程度上解决目前数控插削加工人字齿轮和深孔内键槽存在的对称度超差问题。"①

（一）自动在线检测

自动线作为实现机械加工自动化的重要途径，在大批量生产领域已展现出显著的生产率和优良的技术经济效果。自动线在生产过程中需要检测的项目繁多，包括及时获取和处理被加工工件的质量参数，以及自动线本身的加工状况和设备信息，从而实现对设备的精准调整和对工艺参数的合理修正。

自动在线检测是指在设备运行、生产连续进行的情况下，依据信号处理的基本原理，实时跟踪并掌握设备当前的运行状态，预测其未来可能的状况，并根据实际情况对生产线进行必要的调整。只有在设备处于运行状态时，才能产生各种物理的、化学的信号以及几何参数的变化。当这些信号和参数的变化超出预设范围时，通常被视为异常状况，而这些信号的获取必须依赖于在线检测技术。

1. 自动在线检测的类型

在机械加工的实际过程中，根据自动在线检测应用的范围和深度不同，大致

---

①梁志鹏.基于对称度误差在线检测及补偿的精密数控插削加工方法研究[D].宜昌:三峡大学,2019:1.

分为自动检测、机床监测和自适应控制。

（1）自动检测。指主动自动检测，即加工过程中测量仪与机床、刀具、工件等设备组成闭环系统。通过在线检测装置将测得的工件尺寸变化量经过信号转换与放大后送至控制器，执行机构对加工过程进行控制。

（2）机床监测。检测系统利用机床上安装的传感元件获得有关机床、产品以及加工过程的信息。这类信息一般为实时输入和连续传输的信息流。机床监测的基本方法是将机床上反馈来的监测数据与机床输入的技术数据相比较，并利用比较的差值对机床进行优化控制。

（3）自适应控制。指加工系统能自动适应客观条件的变化而进行相应的自我调节。

2. 自动在线检测的方法

实现在线检测的方法有两种：一种是在机床上安装自动检测装置，如磨床上的自动检测装置和自适应控制系统中的过程参数检测装置等；另一种则是在自动线中设置自动检测工位。

机械加工的在线检测，一般可分为自动尺寸测量、自动补偿测量和安全测量三种方法。

现代化加工中心往往配备了综合在线检测功能，其功能多样且强大，包括但不限于工件种类的识别、加工余量的检查、工件零基准的探测与确定以确保加工余量均匀分布，以及工件尺寸和公差的精确检验。此外，这些系统还能够显示、打印或传输关键零件的尺寸数据，为加工过程的精准控制提供了有力支持。

对于自动化单机而言，自动尺寸测量装置和自动补偿测量装置的应用尤为关键。它们能够避免频繁地停机调刀，从而实现高精度、高效率的自动化加工。在机械加工过程中，自动检测系统能够实时向操作人员反馈检测结果，确保加工过程的顺利进行。当零件加工至预设尺寸时，机床能够自动退刀，有效减少人工干预。若即将产生废品，机床将自动停机等待调整，或根据测量结果自动调整刀具位置或改变切削用量，从而最大限度地减少材料浪费。

（二）自动补偿

如要保持工件的加工精度就必须经常停机调刀，但这会影响加工效率。尤其是自动化生产线，不仅影响全线的生产率，产品的质量也不能得到保证。因此，必须采取措施来解决加工过程中工件的自动测量和刀具的自动补偿问题。

所谓补偿，是指在两次换刀之间进行刀具的多次微量调整，以补偿切削刃磨损给工件加工尺寸带来的影响。每次补偿量的大小取决于工件的精度要求，即尺寸公差带的大小和刀具的磨损情况。每次的补偿量越小，获得的补偿精度就越高，工件尺寸的分散范围也越小，对补偿执行机构的灵敏度要求也越高。

误差补偿运动的实现方式，主要分为硬件补偿和软件补偿两大类。硬件补偿的核心在于利用测量系统和伺服驱动系统来实现精确的误差补偿，这也是当前众多机床在误差处理方面所广泛采纳的策略。而软件补偿则更多聚焦于结构复杂的设备，例如三坐标测量机和数控加工中心。鉴于热变形会对加工精度造成显著影响，软件补偿的核心理念在于：首先精确测定这些设备因热变形而引发的几何误差，并将这些误差数据储存于相应的计算机软件中；然后，在设备运行期间，通过实时测量其构件和工件的温度变化，软件补偿能够依据这些测量结果，利用补偿算法对设备的几何误差和热变形误差进行精准修正，从而实现加工过程的精确控制。

相较于加工过程，自动调整往往呈现出一定的滞后性。为了确保在对当前工件进行测量并发送补偿信号时，下一个工件不会因未能及时补偿而成为废品，不应仅在工件尺寸接近极限时才触发补偿机制。有必要设定一个安全范围，即在公差带的上下限之外设定一定的预警区间，并分别设定上、下警告界限。一旦工件尺寸超出这些界限，计算机软件便会迅速发出补偿信号，进而驱动补偿装置按照预先设定的补偿量进行精确调整，以确保工件尺寸回归至正常的公差范围内。

第六章　工业机器人技术与应用

第一节　工业机器人结构与分类

一、工业机器人的结构

工业机器人主要由三大部分组成：机器人主体、驱动管理系统、控制系统。

（一）机器人主体

机器人主体是机器人所需要的操作机械，例如机械手腕、机械臂部、行走设备等，这是构成机器人运行的主体。常用工业机器人的机械本体可以理解为由手部、腕部、手臂、腰部和底座构成的一个机械臂，由若干个关节（通常是4~6个）组成。

第一，底座。机械本体的基础，起支撑作用，通常固定在机器人操作平台或者移动设备上。

第二，腰部。机器人本体与底座连接的关节轴部件，用来支撑手臂及其他机构的运动。

第三，手臂。机器人的主体，是大臂和小臂的统称，用来支撑腕部和工具，使手部中心点能按特定的轨迹运动。

第四，腕部。连接手臂和工具，用来调整工具在空间的位置，或者更改工具和所夹持工件的姿态。

第五，手部。机器人的抓取组件，用来抓取工件。根据抓取方式可分为夹持类和吸附类两种，也可以进一步细分为夹钳式、弹簧夹持式、气吸式、磁吸式等多种。

（二）驱动管理系统

1. 伺服电机

伺服电机作为工业机器人中的核心执行单元，起着至关重要的作用。其精确的控制能力和稳定的运行特性，使得机器人在执行各种复杂任务时能够保持高度的精确性和可靠性。伺服电机主要分为交流和直流两种类型，每种类型都有其独特的特点和适用场景。

交流伺服电机以其高效率、高功率密度和良好的动态性能，在机器人行业中得到了广泛的应用。交流伺服电机在机器人行业的应用占比达到了约65%。交流伺服电机通常采用三相交流电源供电，通过矢量控制等先进的控制算法，实现对电机转速、位置和转矩的精确控制。这使得机器人在执行高速、高精度的运动任务时，能够保持出色的稳定性和响应速度。

交流伺服电机的优点不仅在于其精确的控制能力，还在于其良好的散热性能和较高的过载能力。这使得机器人在长时间、高强度的工作环境下，依然能够保持稳定的运行状态。此外，交流伺服电机的维护成本相对较低，这也为机器人的广泛应用提供了有力的支持。

与交流伺服电机相比，直流伺服电机在某些特定场景下也有其独特的优势。直流伺服电机通常采用直流电源供电，通过改变电枢电压或激磁电流来实现对电机转速和转矩的控制。直流伺服电机具有响应速度快、控制精度高等特点，特别适用于一些对速度和位置精度要求极高的应用场景。然而，由于其结构相对复杂，散热性能较差，以及维护成本较高等问题，直流伺服电机在机器人行业的应用相对较少。

伺服电机精确的控制能力和稳定的运行特性为机器人的高效、精准作业提供了有力的保障。交流伺服电机以其广泛的应用和出色的性能，在机器人行业中占据了主导地位，而直流伺服电机则在一些特定场景下发挥着不可替代的作用。随着技术的不断进步和应用场景的不断拓展，伺服电机将继续在工业机器人领域发挥重要作用，推动工业生产的自动化和智能化发展。

2. 减速机

减速机不仅能够精确控制机器人的动作，还能传输更大的力矩，确保机器人在执行各种复杂任务时能够稳定、高效地运行。工业机器人常用的减速机主要分为 RV 减速机和谐波减速机两种，它们各自具有独特的优势和适用场景。

（1）RV 减速机。RV 减速机是一种高精度、高刚性的传动装置，广泛应用于工业机器人中的机座、大臂、肩膀等重负载位置。这些位置通常需要承受较大的力矩和冲击力，因此 RV 减速机的承载能力大、耐冲击的特性显得尤为重要。此外，RV 减速机还具有体积小、速比大、转动惯量小、传动效率高等优点，这使得机器人在执行高精度动作时能够保持出色的稳定性和响应速度。

RV 减速机的应用不仅仅局限于工业机器人领域，它还被广泛应用于伺服控制、精密雷达驱动、数控机床等高性能精密传动的场合。在这些领域，RV 减速机的高精度和高刚性能够满足对传动精度和稳定性的严格要求。同时，RV 减速机体积小、质量小的特点也使其成了工程机械、移动车辆等装备的普通动力传动中的理想选择。

（2）谐波减速机。谐波减速机主要安装在小臂、腕部或手部等轻负载位置，这些位置虽然承受的力矩相对较小，但对传动精度和灵活性有着较高的要求。谐波减速机通过其独特的柔性齿轮传动机构，可实现高精度、高灵敏度的运动传输。它的结构紧凑、重量轻，非常适合用于机器人的末端执行器部分，以实现精细的操作和灵活的动作。

谐波减速机不仅能够满足机器人对精度和速度的要求，还能在有限的空间内实现高效的传动，这使得机器人在执行如抓取、装配等精细操作时表现出色。此外，谐波减速机的传动效率高、回差小，也可确保机器人在长时间运行中的稳定性和可靠性。

减速机作为工业机器人的关键部件之一，其性能直接影响到机器人的整体性能和稳定性。RV 减速机和谐波减速机作为最常用的两种减速机类型，各自具有独特的优势和适用场景。通过合理选择和配置这些减速机，可以确保机器人在各种工作环境下都能够稳定、高效地运行，为工业自动化和智能化发展提供有力支持。

（三）控制系统

机器人控制系统是机器人的重要组成部分，用于控制机器人各关节的位置、速度和加速度等参数，使机器人的工具能以指定的速度、按照指定的轨迹到达目标位置，并完成特定任务。

1. 控制系统的组成

工业机器人的控制系统可分为控制器和控制软件两部分。控制器指的是控制系统的硬件部分，通常包括示教器、控制单元、运动控制器、存储单元、通信接口和人机交互模块等。控制器决定了机器人性能的优劣，是各大工业机器人厂商的核心技术，基本由厂商控制。而控制器中内置的控制软件是在控制器的结构基础上开发的，旨在为用户提供有限制的二次开发包，供用户进行基本功能的二次开发。

控制系统硬件成本仅占机器人总成本的 10%～20%，但软件部分却承担着机器人大脑的职责。机器人的硬件零部件类似，采购成本也相似，但不同品牌机器人的精度和速度各不相同，根本原因是机器人控制系统对零部件的驾驭程度与效率不同，因此控制系统是各大机器人厂商的核心竞争力所在。目前，全球四大机器人厂商均使用自主研发的控制系统，可见其重要性。

2. 控制系统的功能

控制系统的基本功能包括示教、通信、感知、存储等，下面分别进行介绍。

（1）示教功能。工业机器人的示教功能通常需要使用示教器。示教器是一种手持式硬件装置，是标准的机器人调试设备，也是控制系统的重要组成部分。使用示教器，可以手动控制机器人、调整机器人的姿态、修改并记录机器人的运动参数以及编写机器人程序。

（2）通信功能。机器人可以通过通信接口和网络接口与外围设备通信，从而根据外围设备的不同信息来控制机器人的运动。通信接口是机器人与其他设备进行信息交换的接口，通常包括串行接口、并行接口等。网络接口包括以太网 Ethernet 接口和现场总线 Fieldbus 接口。Ethernet 接口允许机器人采用 TCP/IP 协议实现多台机器人之间或机器人与计算机之间的数据通信，Fieldbus 接口则支持 Devicenet、Profibus-DP、ABRemoteI/O 等现场总线协议。

（3）感知功能。为提高工业机器人对环境的适应能力，大多数现代工业机器人都拥有传感器接口。与人类有感官一样，机器人能通过各种类型的传感器感知外界环境，并针对不同的操作要求驱动各关节的动作。现代机器人的运动控制离不开传感器，常用的有工业摄像头、距离传感器、电力传感器等。

（4）存储功能。机器人的存储器包括存储芯片、硬盘等，主要用来存储作业顺序、运动路径、程序逻辑等数据，也可以存储其他重要的数据和参数。

二、机器人的技术构成

机器人涵盖多种技术，主要包括系统化、感知、计算机、识别处理、判断、控制、传动技术等。

第一，系统化。系统化是机器人的重要技术范畴。通过系统化将多项技术融合，或按照使用目的构建系统，是机器人开发的关键。迅速开展系统化的方式方法有很多，近年来，采用模块化和模拟器的方式最为流行。传统的机器人开发过程大多是"从零开始"，每一项功能都要进行研发，效率不高。而机器人组件出现之后，许多功能的再利用性提高了，一直以来的机器人开发方式也得以改变。机器人组件的设计模式遵循 OMG 的相关标准，并已实现大量的应用。

第二，感知。机器人是一个综合了感知（sense）、判断（plan）、执行（act）等过程的复杂系统。这里所说的"感知"是第一个必备要素。人类有五种感觉器官（视觉、听觉、嗅觉、味觉、触觉），在机器人上广泛使用的有"三觉"传感器，即视觉传感器、听觉传感器、触觉传感器。同时，还有"激光测距传感器""GPS 传感器"等机器人所特有的，赋予机器人以人类不具备的感知功能的传感器。尤其值得一提的是距离图像传感器，它在近几年来已经成为机器人自律行动的基础。无人驾驶汽车就是因为采用了这些传感器，才得以实现无人驾驶的。以往，这些传感器由于尺寸大小的关系，嵌入机器人内部比较困难，近年来随着精密加工技术的进步，这些传感器在一些小型机器人中也可以使用了。除此之外，加速度传感器、陀螺仪传感器等智能手机如今广泛使用的传感器越来越小型化、低价化，开始在无人机等需要进行姿势控制的机器人设计中发挥重要的作用。

第三，计算机。计算机性能的提升让以往计算成本很高的算法也可以实时处理。如图像处理、A＊路径寻找算法等，便携式计算机也可以进行实时处理，这使得机器人自律行动的进程加速了。与此同时，一些处理器不断地缩小体积和降低电耗，也使得自律行动机器人的小型化成为可能。此外，还有一些大量配置处理器的分散协调控制型机器人的开发也很流行。

第四，识别处理。机器人通过数据处理与分析来识别状态，这些识别技术渐渐地走入生活之中。例如，智能手机用语音识别技术来实现文字输入已经很普遍，汽车中感知车距，将交通事故防患于未然的功能也很常见。这些识别技术大多是作为一个模块，由开发商提供的，使用非常方便。比如，在机器人组件或ROS 之中，已包含了大量的识别模块。

第五，判断。基于对状态的识别如何就执行作出决策，需要进行判断。也就是说，需要进行所谓的"思考"。比如判断如何行走，也就是制订"路径计划"，主要是指为自律移动机器人制定一条规避障碍物，抵达目的地的最优化路径。

第六，控制。控制赋予机器人"执行"选择好的行动的能力，以往较难控制的步行机器人、飞行机器人等，如今都可以稳定地进行控制。

第七，传动。机器人的传动系统一般使用电力驱动，也就是电机。此外，还有气压驱动和液压驱动。

三、工业机器人的主要分类

（一）移动机器人（AGV）

移动机器人，又称自动导向车（AGV），是工业机器人领域的一颗璀璨明珠。它凭借计算机控制、移动、自动导航、多传感器控制以及网络交互等先进功能，成为工业自动化中不可或缺的一员。移动机器人的广泛应用，不仅提升了生产效率，更在多个行业中催生了柔性制造、智能物流等新模式。

移动机器人的核心在于其高度自主化的导航与控制系统。它搭载了多种传感器，如激光雷达、摄像头、超声波等，能够实时感知周围环境，并通过先进的算法进行路径规划、避障和定位。这使得移动机器人能够在复杂的工厂环境中，实现自主导航和精确停位，完成各种搬运、传输任务。

在机械、电子、纺织、卷烟、医疗、食品、造纸等行业，移动机器人以其高度的灵活性和自动化程度，为柔性搬运、传输等功能提供了强大的支持。例如，在电子制造领域，移动机器人可以自动将零部件从仓库运输到生产线，实现生产线上的物料自动补给；在医疗领域，移动机器人可以承担药品、器械等物品的运输任务，减轻医护人员的工作负担。

此外，移动机器人在自动化立体仓库、柔性加工系统、柔性装配系统等领域也发挥着重要作用。在自动化立体仓库中，移动机器人能够自动完成货物的入库、出库、盘点等操作，实现仓的智能化管理；在柔性加工系统和柔性装配系统中，移动机器人可以作为活动装配平台，根据生产需求灵活调整位置，提高生产效率。

除了工业领域，移动机器人在车站、机场、邮局等场所的物品分拣中也发挥着重要作用。它们可以自动将不同类别的物品进行分拣、运输，提高物流效率，减少人工错误。

移动机器人的应用还在不断拓展。随着人工智能、物联网等技术的不断发展，移动机器人将更加智能化、自主化，能够在更广泛的领域发挥作用。例如，未来的移动机器人可能具备更强的环境感知能力，能够更好地适应复杂多变的工作环境；同时，它们也可能具备更强的学习能力，能够通过不断地学习和优化，提高自身的性能和效率。

总之，移动机器人作为工业机器人的一种重要类型，以其高度的自主性、灵活性和智能化程度，为多个行业的自动化、智能化发展提供了有力支持。随着技术的不断进步和应用场景的不断拓展，移动机器人的未来将更加广阔和光明。

（二）激光加工机器人

激光加工机器人，作为现代先进制造技术的杰出代表，将机器人技术与激光加工完美融合，为工业制造领域带来了革命性的变革。激光加工机器人凭借高精度、高效率和高度柔性的特点，在工件表面处理、打孔、焊接和模具修复等方面展现出了巨大的应用潜力。

激光加工机器人系统采用先进的工业机器人技术，通过高精度的机械臂和控制系统，实现了激光加工设备的高度自动化和智能化。该系统通过示教器进行在线操作，用户可以直观地示教机器人进行各种复杂动作，实现激光加工过程的精确控制。同时，系统还支持离线编程方式，用户可以在计算机上预先规划好加工路径和参数，然后上传至机器人控制系统，实现加工过程的自动化运行。

激光加工机器人的核心优势在于其高度柔性。该系统通过对加工工件的自动检测，能够迅速生成加工件的模型，并据此生成加工曲线。这意味着激光加工机器人可以适应不同形状、尺寸和材质的工件，实现个性化的加工需求。此外，系统还可以利用 CAD 数据直接进行加工，将设计数据转化为实际的加工过程，大大提高加工精度和效率。

激光加工机器人的应用范围广泛。在工件表面处理方面，激光加工机器人可以实现对各种材料的表面清洁、刻蚀、打标等操作，提高工件表面的质量和附加值。在打孔方面，激光加工机器人能够实现高精度、高速度的打孔作业，适用于各种金属、非金属材料的加工。在焊接方面，激光加工机器人可以实现精密的焊接操作，提高焊接质量和生产效率。在模具修复方面，激光加工机器人能够迅速、准确地修复模具的缺陷和损伤，延长模具的使用寿命。

随着技术的不断进步和应用领域的拓展，激光加工机器人的性能也在不断提升。未来，激光加工机器人将更加智能化、自动化和集成化，能够实现更加复杂、精细的加工任务。同时，随着新材料、新工艺的不断涌现，激光加工机器人的应用领域也将进一步拓宽，为工业制造领域的创新发展注入新的动力。

（三）点焊机器人

作为工业机器人领域中的重要一员，点焊机器人以其高效、精准、稳定的特性，在汽车整车焊接工作中发挥着至关重要的作用。汽车制造是一个复杂的系统工程，其中焊接作为关键工艺之一，对汽车的质量和性能有着直接的影响。点焊机器人凭借其独特的优势，成为现代汽车生产中不可或缺的重要设备。

点焊机器人的应用主要集中在汽车整车的焊接工作中。汽车由数以千计的零部件组成，这些零部件需要通过焊接工艺进行精确连接，以确保汽车的强度和稳定性。点焊机器人能够根据预设的程序和参数，快速、准确地完成焊接任务，极大地提高生产效率和质量。

在汽车生产过程中，各大汽车主机厂负责完成整车的制造工作。这些主机厂通常会与国际知名的工业机器人企业建立长期合作关系，引进先进的点焊机器人技术。这些国际企业凭借丰富的经验和深厚的技术积累，为汽车生产企业提供各类点焊机器人单元产品，并根据整车生产线的具体需求进行配套设计。这些点焊机器人单元产品通常具有高度的集成化和模块化特点，便于安装、调试和维护。

在国际工业机器人市场中，一些知名企业凭借其在点焊机器人领域的领先地位，成功进入了中国市场。这些企业通过与国内汽车生产企业的合作，将先进的焊接机器人技术与中国的汽车制造产业相结合，推动了汽车制造水平的提升。同时，这些企业也积极参与中国市场的竞争，不断提升产品质量和服务水平，以满足中国汽车市场不断增长的需求。

点焊机器人在汽车生产中的应用不仅提高了生产效率和质量，还降低了人工成本和劳动强度。与传统的手工焊接相比，点焊机器人能够连续稳定地进行焊接作业，避免了人为因素导致的焊接质量波动。此外，点焊机器人还能够在恶劣的工作环境下进行作业，如高温、高湿、有害气体等环境，从而保障了工人的安全和健康。

随着汽车产业的不断发展和技术的不断创新，点焊机器人技术也在不断进步和完善。未来，点焊机器人将更加智能化、自动化和柔性化，能够适应更加复杂多变的焊接需求。同时，随着新能源汽车、智能驾驶等新技术的发展，点焊机器人也将在汽车制造领域发挥更加重要的作用。

第二节　工业机器人的驱动系统

工业机器人的驱动系统主要是指提供工业机器人各部位、各关节动作的原动力，直接或间接地驱动机器人本体，以获得工业机器人的各种运动的执行机构。要使工业机器人运行起来，需要给其各个关节即每个运动自由度安置驱动装置。

工业机器人的驱动系统按动力源可分为气动驱动系统、液压驱动系统、电动驱动系统、复合式驱动系统和新型驱动系统，气动驱动系统、液压驱动系统和电动驱动系统为三种基本的驱动类型。根据需要，可采用这三种基本驱动类型中的一种，或由这三种基本驱动类型组合成复合式驱动系统。

一、气动驱动

气动驱动是工业机器人驱动系统中的重要组成部分，它利用压缩气体作为工作介质，通过气体压力传递动力或驱动信息。与液压驱动相似，气动驱动同样具有结构简单、维护方便、响应速度快等特点，因此在工业机器人的某些应用场景中得到了广泛应用。

气动驱动系统主要由气源装置、控制元件和执行元件组成。气源装置负责提供压缩气体，通常包括空气压缩机、储气罐等部件。控制元件则用于调节和控制气体的流向、压力和流量，确保机器人能够按照预定的动作要求执行。执行元件则是气动驱动系统的末端装置，它将气体的压力能转换为机械能，驱动机器人的关节或部件进行运动。

在气动驱动系统中，压缩气体通过管道和控制阀被输送到气动执行元件，如气缸或马达。当压缩气体进入气缸时，它会推动活塞在气缸内运动，从而产生推力或拉力。这种推力或拉力可以驱动机器人的关节进行旋转或直线运动。同时，通过控制阀的调节，可以实现对气体流向、压力和流量的精确控制，从而实现对机器人运动轨迹和速度的精确控制。

除了传递动力外，气动驱动系统还可以用于传递信息。利用气动逻辑元件或射流元件，可以实现对气体信号的逻辑运算和处理，从而实现机器人的智能化控制。例如，通过组合不同的逻辑元件和射流元件，可以构建出复杂的控制系统，实现对机器人行为的精确控制和调度。

气动驱动在工业机器人中的应用场景十分广泛。由于气动驱动具有响应速度快、结构简单等特点，它特别适用于需要快速响应和高精度的应用场景。例如，在装配机器人中，气动驱动可以确保零部件的精确对位和快速安装；在分拣机器人中，气动驱动可以实现对物品的快速抓取和分类。此外，气动驱动还广泛应用于包装、搬运、喷涂等领域的工业机器人中。

当然，气动驱动也存在一些局限性。由于气体的可压缩性，气动驱动系统的稳定性相对较差，容易受到环境温度、压力等因素的影响。此外，气动驱动系统的力量输出相对较小，不适用于需要大力量输出的应用场景。因此，在选择是否采用气动驱动时，需要根据机器人的具体任务和工作场景进行综合考虑。

气动驱动作为工业机器人驱动系统中的重要组成部分，具有独特的工作原理和应用优势。通过深入了解气动驱动的工作原理和应用场景，可以更好地发挥其在工业机器人中的作用，推动工业机器人的发展与应用。

二、液压驱动

液压驱动是指以液体为工作介质进行能量传递和控制的一种驱动方式。根据能量传递形式不同，液体驱动又分为液力驱动和液压驱动。液力驱动主要是指利用液体动能进行能量转换的驱动方式，如液力耦合器和液力变矩器。液压驱动是指利用液体压力能进行能量转换的驱动方式。

液压驱动，作为一种在工业机器人领域广泛应用的驱动方式，以其独特的能量传递和控制机制，为机器人的精确、高效运动提供了有力支持。液压驱动的核心在于以液体作为工作介质，通过控制液体的流动和压力来实现能量的传递和控制。

在液压驱动系统中，电动机作为动力源，带动液压泵工作。液压泵通过旋转或往复运动，将油箱中的油液吸入并加压，形成高压油液。高压油液通过管道及一系列控制调节装置，如阀门、节流阀等，被精确输送到各个油缸中。在油缸中，油液的压力作用在活塞上，推动活塞杆进行往复运动。活塞杆的运动进一步转化为机械臂的伸缩、升降等动作，从而实现工业机器人的各种复杂运动。

液压驱动的一个显著优势在于其能够产生巨大的力量。由于液体在密闭系统中能够传递较大的压力，因此液压驱动系统能够输出较大的力矩，适用于需要重载或高力输出的应用场景。此外，液压驱动系统还具有良好的稳定性和可靠性，能够在恶劣的工作环境下长时间稳定运行。

液压驱动也存在一些不足之处。首先，液压驱动系统需要较为复杂的油路设计和安装，增加了系统的复杂性和成本。其次，油液在使用过程中可能产生泄漏、污染等问题，对工作环境和维护保养提出了较高要求。此外，液压驱动系统的响应速度相对较慢，可能无法满足某些高速、高精度的运动需求。

为了充分发挥液压驱动的优势并克服其不足，在现代工业机器人设计中采用了多种改进措施。例如，通过优化油路设计和使用高效、可靠的液压元件，降低系统的复杂性和成本；采用环保、可回收的油液材料，减少环境污染；利用先进的控制算法和传感器技术，提高系统的响应速度和运动精度等。

在实际应用中，液压驱动工业机器人广泛应用于各种重载、高精度和高可靠性的工作场景。例如，在重型物料搬运、大型机械加工、船舶制造等领域，液压驱动工业机器人凭借其强大的驱动力和稳定性，发挥着不可替代的作用。此外，在军事、航空航天等对安全性和可靠性要求极高的领域，液压驱动工业机器人也展现出了其独特的优势。

液压驱动作为一种重要的工业机器人驱动方式，具有独特的工作原理和广泛的应用场景。通过不断的技术创新和优化，液压驱动工业机器人将在未来继续发挥其重要作用，推动工业自动化和智能化的发展。

三、电动驱动

电动驱动以其高效、精准、环保的特性，在工业机器人领域占据了主导地位。其工作原理主要是利用电动机产生的力或力矩，直接或通过机械传动机构驱动机器人的关节，从而实现机器人的各种运动。

电动机作为电动驱动的核心部件，其性能直接影响到驱动系统的整体表现。目前，工业机器人常用的电动机类型包括直流电动机、交流电动机和步进电动机等。直流电动机因其良好的调速性能和稳定的输出特性，在需要精确控制速度和位置的应用中占据优势；交流电动机则以其结构简单、维护方便的特点，在负载变化较大的场合得到广泛应用；步进电动机以其将电脉冲信号转化为精确位移或角位移的能力，成为高精度定位驱动的首选。

电动驱动的优势在于其高效率。与液压驱动和气动驱动相比，电动驱动省去了中间的能量转换过程，直接将电能转换为机械能，从而提高了能量利用效率。根据相关数据显示，电动驱动的能量转换效率通常可以达到80%以上，远高于液压驱动和气动驱动。

此外，电动驱动还具有响应速度快、精度高的特点。电动机的控制精度高，可以实现微小的位移和速度变化，从而满足工业机器人对高精度运动的需求。同时，电动机的响应速度快，可以在短时间内实现快速启动和停止，提高了机器人的工作效率。

在成本方面，电动驱动也具有明显优势。随着电动机制造技术的不断进步和规模化生产的应用，电动机的成本不断降低，使得电动驱动成为一种经济实用的驱动方式。此外，电动驱动系统的维护成本也相对较低，因为电动机的结构相对简单，维护起来较为方便。

控制方便是电动驱动的另一大优势。电动驱动系统可以通过编程和控制系统实现精确的运动控制和轨迹规划，使得机器人能够按照预定的程序和要求执行各种复杂的动作。这种灵活性和可编程性使得电动驱动在工业机器人的应用中具有广泛的适应性。

除了上述优势外，电动驱动还具有无环境污染的特点。与液压驱动和气动驱动相比，电动驱动不产生油液或气体的泄漏和污染问题，对环境友好。这符合现代工业对环保和可持续发展的要求。

电动驱动以其高效、精准、环保、经济实用的特点，在工业机器人领域得到了广泛应用。随着技术的不断进步和应用需求的不断提高，电动驱动将会在工业机器人的发展中发挥越来越重要的作用。

第三节　工业机器人的控制技术

通过路径规划，将要求的任务变为期望的运动和力，由控制系统根据期望的运动和力信号，控制末端执行器输出实际的运动和力，精确而重复地完成目标任务的过程被称为工业机器人的工作过程。由于机器人的负载、惯量、重心都随时间发生变化，因此，机器人控制系统是一个与运动学和动力学原理密切相关的、有耦合的、非线性的、多变量的计算机控制系统。

一、工业机器人控制的特点

工业机器人的控制实际上包含"任务规划""动作规划""轨迹规划"和"伺服控制"等多个层次。机器人要对控制命令进行解释，首先把操作者的命令分解为机器人可以实现的任务（任务规划），然后再针对各个任务进行动作分解（动作规划）。为实现机器人的一系列动作，应该对机器人的每个关节的运动进行设计（轨迹规划），最底层是关节运动的伺服控制。

工业机器人控制的一个明显特点是要求实现多轴运动的协调控制，包括运动轨迹和动作时序等多方面的协调，并要求有较高的位置精度和很大的调速范围，因此机器人的控制是一个很复杂的过程。

二、机器人的先进控制技术

目前，机器人的先进控制技术应用较多的有自适应控制、模糊控制、神经网络控制等。我们这里主要介绍自适应控制。机器人会依据周围环境所获得的信息来修正对自身的控制，这种控制器配有触觉、力觉、接近觉、听觉和视觉等传感器，能够在不完全确定或局部变化的环境中，保持与环境的自动适应，并以各种搜索与自动导引方式，执行不同的循环作业被称为自适应控制。根据设计技术的不同，自适应控制一般分为模型参考自适应控制、自校正自适应控制和线性摄动自适应控制三种，其中模型参考自适应控制应用最广泛，且容易实现。模型参考自适应控制的基础是选择合适的参考模型和对实际系统的驱动器调整反馈增益的自适应算法，而自适应算法由参考模型输出与实际系统输出之间的误差驱动。

第四节　工业机器人的应用实例

由于机器人对生产环境和作业要求有很强的适应性，所以用来完成不同生产作业的工业机器人越来越多。采用工业机器人不但可以提高生产能力、改善工作条件，而且还可以提高制造系统的自动化水平和柔性。因此，除前文提到的三种类型外，弧焊机器人、搬运机器人、喷涂机器人，以及装配机器人也已被大量采用。

一、弧焊机器人

弧焊机器人是一种自动化设备，用于执行焊接工艺中的焊接操作。这些机器人通常由工业机器人和焊接设备组成，能够在制造和建造领域中执行各种焊接任务。

弧焊机器人的工作原理是利用电弧产生高温，将金属工件熔化，从而使它们彼此连接。机器人通过预先编程的路径和参数来控制焊接过程，可以在不同的角度和位置进行焊接，以满足不同工件的需求。这种自动化焊接过程提高了生产效率，减少了人为操作的错误，并确保焊接质量的一致性。

弧焊机器人通常配备有各种传感器和控制系统，以确保焊接过程的精确性和稳定性。例如，焊接机器人可配备视觉系统，用于检测工件的位置和形状，以及焊缝的质量。此外，机器人还可以通过实时监测焊接电流、电压和焊接速度等参数来调整焊接过程，以确保最佳的焊接结果。

弧焊机器人在制造业中的应用非常广泛，可以用于焊接各种材料，包括钢铁、铝合金、不锈钢等。它们可以在汽车制造、船舶建造、航空航天和金属加工等领域中发挥重要作用，提高生产效率，降低生产成本，并改善工作环境的安全性。随着自动化技术的不断发展，弧焊机器人将继续在制造业中扮演重要角色，为企业提供更高效、更可靠的焊接解决方案。

二、搬运机器人

计算机集成制造技术、物流技术、自动仓储技术的发展，使搬运机器人在现代制造业中的应用也越来越广泛。机器人可用于零件加工过程中物料、工辅量具的装卸和储运，可用来将零件从一个输送装置送到另一个输送装置，或从一台机床上将加工完的零件取下再安装到另一台机床上去。

（一）500 型搬运机器人

500 型搬运机器人是用来抓取、搬运来自输送带或输送机上流动的物品的自动化装置，主要由搬入机械部件、机器主体部件、搬出机械部件和系统控制机构等基本部分组成。该机器人可根据被搬运物品的形状、材料和大小等，按照给定的堆列模式，自动地完成物品的堆列和搬运操作。

（二）旋转式负压吸盘机器人

旋转式负压吸盘机器人中的负压吸盘相当于机器人的末端执行器，采用吸附式驱动装置；气缸推动负压吸盘支架可绕旋转轴旋转，该部分相当于手腕和手部；固定臂和移动臂相结合组成机器人手臂部分，移动臂的伸缩运动由电机单元带动同步带轮，并最终使移动臂沿导轨完成伸缩运动，固定臂的升降、回转可通过底座中的旋转气缸和升降气缸单元实现。

三、喷漆机器人

喷漆领域中大量使用机器人的原因，包括喷漆环境中照明、通风等条件很差，且不易从根本上改进，以及喷漆工序中雾状漆料对人体有害。使用喷漆机器人不仅可以改善劳动条件，而且还可以提高产品的产量和质量。

喷漆机器人在使用环境和动作要求方面的特点主要包括：第一，工作环境包含易爆的喷漆剂蒸气；第二，沿轨迹高速运动，途经各点均为作业点；第三，多数被喷漆部件都搭载在传送带上，边移动边喷漆。

第七章　机械制造控制系统的安全自动化技术

第一节　机械制造自动化控制系统的类型

"机械制造自动化作为先进技术的重要组成部分，既是机械制造业的重点应用技术，又是机械制造技术的发展方向。"① 在自动化制造系统中，为了实现机械制造设备、制造过程及管理和计划调度的自动化，就需要对这些控制对象进行自动控制。自动化制造系统的子系统——自动化制造——的控制系统，是整个系统的指挥中心和神经中枢，根据制造过程和控制对象的不同，先进的自动化制造系统多采用多层计算机控制的方法来实现整个制造过程及制造系统的自动化制造，不同层次之间可以采用网络化通信的方式来实现。

机械制造自动化控制系统有多种分类方法，比如：根据机械制造的控制系统发展过程分为机械传动的自动控制、液压传动的自动控制、继电接触器自动控制、计算机控制等；根据机械制造的控制系统应用范围分为局部部件控制、单机控制、多机联合控制、网络化多层计算机控制等。下面主要介绍以下三种分类方法：

一、以调节规律分类

（一）前馈控制

通常的反馈控制系统中，由干扰造成了一定后果后才能反馈过来产生抑制干扰的控制作用，因而会产生滞后控制的不良后果。为了克服这种滞后的不良控制，用计算机接收干扰信号后，在没有产生后果之前插入一个前馈控制作用，使其刚好在干扰点上完全抵消干扰对控制变量的影响，这种控制称为前馈控制。

---

①田明飞,王凯强,周阳. 机械制造自动化的研究与应用[J]. 河南科技,2012(18):19.

（二）最优控制系统

控制计算机如有使受控对象处于最佳状态运行的控制系统，则称为最优控制系统。此时计算机控制系统在现有的限定条件下，恰当选择控制规律（数学模型），使受控对象运行指标处于最优状态，如产量最大、消耗最少、质量合格率最高、废品率最少等。最佳状态是由定出的数学模型确定的，有时在限定的某几种范围内追求单项最好指标，有时是要求综合性最优指标。

（三）自学习控制系统

如果计算机能够不断地根据受控对象运行结果积累经验，自行改变和完善控制规律，使控制效果愈来愈好，这样的控制系统称为自学习控制系统。

最优控制、自适应控制和自学习控制都涉及多参数、多变量的复杂控制系统，都属于近代控制理论研究的问题。系统稳定性的判断，多种因素影响控制的复杂数学模型研究等，都必须有生产管理、生产工艺、自动控制、检测仪表、程序设计、计算机硬件各方面人员相互配合才能得以实现。应根据受控对象要求反应时间的长短、控制点数的多少和数学模型的复杂程度来决定所选用的计算机规模，一般来说功能很强的计算机才能实现。

（四）自适应控制系统

最优控制在工作条件或限定条件改变时，就不能获得最佳的控制效果了。如果在工作条件改变的情况下，仍然能使控制系统对受控对象进行控制而处于最佳状态，这样的控制系统称为自适应控制系统。这就要求数学模型体现出在条件改变的情况下，如何达到最佳状态，控制计算机检测到条件改变的信息，按数学模型给出的规律进行计算，用以改变控制变量，使受控对象仍能处在最好状态。

（五）程序控制和顺序控制

第一，如果计算机控制系统是按照预先编制的固定程序进行自动控制，则这种控制称为程序控制。例如，炉温按照一定的时间曲线进行控制就称为程序控制。

第二，在程序控制的基础上产生了顺序控制。计算机如能根据随时间推移所确定的对应值和此刻以前的控制结果两方面情况行使对生产过程的控制，则称为计算机的顺序控制。

控制既可以是单一的，也可以是多种形式结合的，并对生产过程实现控制。这要针对受控对象的实际情况，在系统分析、系统设计时确定。

二、以参与控制方式分类

（一）集散控制系统

集散控制系统（DCS），是由多台计算机分别控制生产过程中多个控制回路，同时又可集中获取数据和集中管理自动控制系统。

集散控制系统采用微处理器分别控制各个回路，而用中小型工业控制计算机或高性能的微处理机实现上一级的控制，各回路之间和上下级之间通过高速数据通道交换信息。集散控制系统具有数据获取、直接数字控制、人机交互以及监督和管理等功能。

在集散控制系统中，按地区把微处理机安装在测量装置与执行机构附近，将控制功能尽可能分散，管理功能相对集中。这种集散化的控制方式会提高系统的可靠性。在集散控制系统中，当管理级出现故障时，过程控制级仍有独立的控制能力，个别控制回路出现故障也不会影响全局。相对集中的管理方式有利于实现功能标准化的模块化设计，与计算机多级控制相比，集散控制系统在结构上更加灵活，布局更加合理，成本更低。

集散控制系统通常可分为二层结构模式、三层结构模式和四层结构模式。二层结构模式的集散控制系统的结构形式如图7-1所示。①

①洪露,郭伟,王美刚. 机械制造与自动化应用研究[M]. 北京:航空工业出版社,2019:359-360.

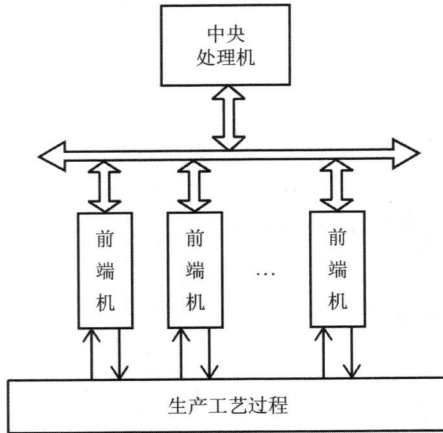

图 7-1　二层结构模式的集散控制系统示意图

如图 7-1 所示，第一层为前端机，也称下位机、直接控制单元，前端机直接面对控制对象完成实时控制、前端处理功能；第二层称为中央处理机，又称上位机，完成后续处理功能，中央处理机不直接与现场设备打交道，即使中央处理机失效，设备的控制功能依旧能得到保证。在前端计算机和中央处理机间再加一层中间层计算机，便构成了三层结构模式的集散控制系统。四层结构模式的集散控制系统中，第一层为直接控制级，第二层为过程管理机，第三层为生产管理机，第四层为经营管理级。集散控制系统具有硬件组装积木化、软件模块化、组态控制系统、应用先进的通信网络以及开放性、可靠性等特点。

（二）直接数字控制系统

由控制计算机取代常规的模拟调节仪表而直接对生产过程进行控制的系统，称为直接数字（DDC）控制系统。受控的生产过程的控制部件接受的控制信号可以通过控制机的过程输入/输出通道中的数/模（D/A）转换器，将计算机输出的数字控制量转换成模拟量，输入的模拟量也要经控制机的过程输入/输出通道的模/数（A/D）转换器转换成数字量进入计算机。

DDC 控制系统中常使用小型计算机或微型机的分时系统来实现多个点的控制功能，实际上属于控制机离散采样，实现离散多点控制。DDC 计算机控制系统已成为当前计算机控制系统中的主要控制形式之一。

DDC 控制的优点是灵活性大、可靠性高和价格便宜，能用数字运算形式对若干个回路甚至数十个回路的生产过程，进行比例—积分—微分（PID）控制，使工业受控对象的状态保持在给定值，偏差小且稳定，而且只要改变控制算法和应用程序便可实现较复杂的控制，如前馈控制和最佳控制等。一般情况下，DDC控制常作为更复杂的高级控制的执行级。

（三）计算机多级控制系统

计算机多级控制系统是按照企业组织生产的层次和等级配置多台计算机来综合实施信息管理和生产过程控制的数字控制系统。通常，计算机多级控制系统由以下部分组成：

第一，直接数字控制系统（DDC）。位于多级控制系统的最末级，其任务是直接控制生产过程，实现多种控制功能，并完成数据采集、报警等功能。直接数字控制系统通常由若干台小型计算机或微型计算机构成。

第二，监督控制系统（SCC）。是多级控制系统的第二级，指挥直接数字控制系统的工作，在有些情况下，监督控制系统也可以兼顾一些直接数字控制系统的工作。

第三，管理信息系统（MIS）主要进行计划和调度，指挥监督控制系统工作。按照管理范围还可以把管理信息系统分为若干个等级，如车间级、工厂级、公司级等。管理信息系统的工作通常由中型计算机或大型计算机来完成。

计算机多级控制系统的示意图如图 7-2 所示。

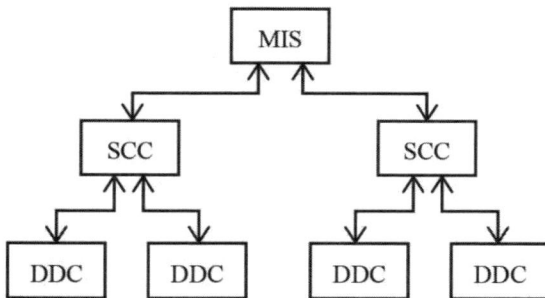

图 7-2 计算机多级控制系统示意图

（四）计算机监督控制系统

计算机监督控制系统（SCC）是利用计算机对工业生产过程进行监督管理和控制的计算机控制系统。监督控制是一个二级控制系统，DDC 计算机直接对被控对象和生产过程进行控制，其功能类似于直接数字控制系统。直接数字控制系统的设定值是事先规定的，但监督控制系统可以通过对外部信息的检测，根据当时的工艺条件和控制状态，按照一定的数学模型和优化准则，在线计算最优设定值，并及时送至下一级 DDC 计算机，实现自适应控制，使控制过程始终处于最优状态。

三、以自动控制形式分类

（一）计算机开环控制系统

若控制系统的输出对生产过程能行使控制，但控制结果——生产过程的状态——没有影响计算机控制的系统，其中计算机、控制器、生产过程等环节没有构成闭合回路，则称之为计算机开环控制系统。若生产过程的状态没有反馈给计算机，而是由操作人员监视生产过程的状态并决定控制方案，使计算机行使其控制作用，这种控制形式称为计算机开环控制。

（二）计算机闭环控制系统

若计算机对生产对象或生产过程进行控制时，生产过程状态能直接影响计算机控制系统，则称之为计算机闭环控制系统。其控制计算机在操作人员监视下，自动接受生产过程的状态检测结果，计算并确定控制方案，直接指挥控制部件（器）的动作，行使控制生产过程作用。在这样的系统中，控制部件按控制机发来的控制信息对运行设备进行控制，运行设备的运行状态作为输出，由检测部件测出后，作为输入反馈给控制计算机，从而使控制计算机、控制部件、生产过程、检测部件构成一个闭环回路，这种控制形式称为计算机闭环控制。计算机闭环控制系统利用数学模型设置生产过程最佳值与检测结果反馈值之间的偏差，控制生产过程运行在最佳状态。

（三）在线控制系统

只要计算机对受控对象或受控生产过程能够行使直接控制，不需要人工干预的，都称之为计算机在线控制或联机控制系统。在线控制系统可以分为实时控制和分时方式控制。计算机实时控制系统，是指一种在线实时控制系统，对被控对象的全部操作（信息检测和控制信息输出）都是在计算机直接参与下进行的，无须管理人员干预；计算机分时方式控制是指直接数字控制系统是按分时方式进行控制的，按照固定的采样周期对所有的被控制回路逐个进行采样，依次计算并形成控制输出，以实现一个计算机对多个被控制回路的控制。

（四）离线控制系统

计算机没有直接参与控制对象或受控生产过程，它只完成受控对象或受控过程的状态检测，并对检测的数据进行处理，而后制定出控制方案，输出控制指示，接着操作人员参考控制指示，进行人工手动操作，使控制部件对受控对象或受控过程进行控制，这种控制形式称为计算机离线控制系统。

（五）实时控制系统

计算机实时控制系统是指当受控对象或受控生产过程在请求处理或请求控制时，其控制机能及时处理并进行控制的系统。实时控制系统通常用在生产过程是间断进行的场合，只有进入过程才要求计算机进行控制。计算机一旦进行控制，就要求计算机对来自生产过程的信息在规定的时间内作出反应或控制，这种系统常通过完善的中断系统和中断处理程序来实现。

综上所述，一个在线系统并不一定是实时系统，但是一个实时系统必定是一个在线系统。

第二节　安全总线系统与安全控制系统实现

一、安全总线系统分析

（一）现场总线基本认知

现场总线控制系统技术是 20 世纪 80 年代中期在国际上发展起来的一种崭新的工业控制技术。现场总线控制系统的出现引起了传统的 PLC 和 DCS 控制系统基本结构的革命性变化。现场总线控制系统技术极大地简化了传统控制系统烦琐且技术含量较低的布线工作量，使其系统检测和控制单元的分布更趋合理，更重要的是从原来的面向设备选择控制和通信方式转变成为基于网络来选择设备。现场总线控制系统技术已成为工业控制领域中的一个热点。

1. 现场总线的基本特点

现场总线技术实际上是采用串行数据传输和连接方式代替传统的并联信号传输和连接方式的方法，它依次实现了控制层和现场总线设备层之间的数据传输，同时在保证传输实时性的情况下实现信息的可靠性和开放性。一般的现场总线具有以下特点：

（1）布线简单。布线简单是大多数现场总线共有的特性，现场总线的最大革命是布线方式的革命，最小化的布线方式和最大化的网络拓扑使得系统的接线成本和维护成本大大降低。由于采用串行方式，所以大多数现场总线采用双绞线，还有直接在两根信号线上加载电源的总线形式。这样，采用现场总线类型的设备和系统给人明显的感觉就是简单直观。

（2）开放性。一个总线必须具有开放性，这包含两个方面：①能与不同的控制系统相连接，也就是应用的开放性；②通信规约的开放，也就是开发的开放性。只有具备了开放性，才能使得现场总线既具备传统总线的低成本，又能适合先进控制的网络化和系统化要求。

（3）实时性。总线的实时性要求是为了适应现场控制和现场采集的特点。

一般的现场总线都要求在保证数据可靠性和完整性的条件下具备较高的传输速率和传输效率。总线的传输速度要求越快越好，速度越快，系统的响应时间就越短，但是传输速度不能仅靠提高传输速率来解决，传输的效率也很重要。传输效率主要是有效用户数据在传输帧中的比率，还有成功传输帧在所有传输帧的比率。

（4）可靠性。一般总线都具备一定的抗干扰能力，当系统发生故障时，具备一定的诊断能力，以最大限度地保护网络，同时较快地查找和更换故障节点。总线故障诊断能力的大小是由总线所采用的传输的物理媒介和传输的软件协议决定的，所以不同的总线具有不同的诊断能力和处理能力。

2. 现场总线系统

从名词定义来讲，现场总线是用于现场电器、现场仪表及现场设备与控制室主机系统之间的一种开放、全数字化、双向、多站的通信系统。而现场总线标准规定某个控制系统中一定数量的现场设备之间如何交换数据。数据的传输介质可以是电线电缆、光纤、电话线、无线电等。

3. 现场总线的应用领域

现场总线的种类很多，据不完全统计，目前国际上有 40 多种现场总线。导致多种现场总线同时发展的原因有两个：①工业技术的迅速发展，使得现场总线技术在各种技术背景下得以快速发展，并且迅速得到普及，但是普及的层面和程度由于不同技术发展的侧重点不同而各不相同；②工业控制领域"高度分散、难以垄断"，这和家用电器技术的普及不同，工业控制所涵盖的领域往往是多学科、多技术的边缘学科，一个领域得以推广的总线技术到了另一个新的领域有可能寸步难行。

控制系统是有不同层次的，在控制系统的金字塔结构中，左边的文字表示系统的逻辑层次，由上到下分别为协调级、工厂级、车间级、现场级和操作器与传感器级。现场总线涉及的是最低两级。右边的文字表示系统的物理设备层次，由上到下依次为主计算机、可编程序控制器、工业逻辑控制器、传感器与操作器（如感应开关、位置开关、电磁阀、接触器等）。

对应不同的系统层次，现场总线有着不同的应用范围。纵坐标由下往上表示设备由简单到复杂，即由简单传感器、复杂传感器、小型 PLC 或工业控制机到工作站、中型 PLC 再到大型 PLC、DCS 监控机等，数据通信量由小到大，设备功能也由简单到复杂。横坐标表示通信数据传输的方式，从左到右，依次为二进制的位传输、8 位及 8 位以上的字传输、128 位及以上的帧传输以及更大数据量传输的文件传输。

ASI、Sensorloop、Seriplex 等总线适用于由各种开关量传感器和操作器组成的底层控制系统，而 DeviceNet、Profibus-DP 和 WorldFIP 适用于字传输额的各种设备，至于 Profibus-PA、FieldbusFoundation 等更多地适用于帧传输的仪表自动化设备。所以对人们适用的总线在 Sensor 和 Equipment 的区域内。

目前现场总线技术的应用主要集中在冶金、电力、水处理、乳品饮料、烟草、水泥、石化、矿山以及 OEM 用户等行业，同时还有道路无人监控、楼宇自动化、智能家居等新技术领域。

（二）安全现场总线研究

安全控制系统由传感器、逻辑控制元件和触发装置三部分组成，构成一条安全链。逻辑控制元件在其中扮演着最为复杂和重要的角色。这是因为逻辑控制元件需要接收传感器的信号，在内部进行简单或复杂的逻辑运算，并可靠地控制触发装置的动作。

安全控制系统中的逻辑控制元件主要包括安全继电器、安全可编程控制器和安全总线系统。安全继电器通常用于接收单一类型信号，并根据信号的正确性来控制外部触发装置。近年来，安全可编程控制器和安全总线系统在工业控制领域得到了广泛的应用。安全总线系统以安全可编程控制器为主要硬件平台，通过电缆或光纤等通信媒介，采用可靠的、安全的通信手段，实现远程 I/O 信号的采集和输入输出控制。

随着可编程安全控制系统（安全 PLC）的出现，安全总线通信技术开始被应用于工业自动化领域。一个完整的安全现场总线系统通常由可编程安全控制系统、远程安全输入输出模块、物理通信介质和通信协议组成。通讯主要发生在可编程安全控制系统和远程安全输入输出模块之间。如果通讯过程中出现未诊断的错误，可能导致受控的负载处于非定义的不确定状态，进而产生灾难性的后果。

因此，安全现场总线系统的整体安全性要求通讯过程必须可靠、实时、无损。

1. 现场总线的安全控制系统的要求

在机械制造领域，对于采用现场总线的安全控制系统，失效—安全功能至关重要。当现场设备，如传感器、电缆、控制器或触发器出现障碍、错误或失效时，系统应具备减轻以至避免损失的功能，以保障人员和机器的安全。这符合失效—安全原则的基本要求。

失效—安全的概念从广义上理解，是指设备在发生故障时，不仅能自动导向安全状态，而且具备维护安全的手段；从狭义上理解，它指的是设备在故障发生时，能自动导向安全状态的技术手段。

基于失效—安全原则，对现场总线的通讯提出以下安全要求：

（1）现场总线的生存性。生存性体现了现场总线在随机性破坏作用下的可靠性，这里的随机性破坏主要指的是现场总线节点和链路的自然失效。生存性确保现场总线在任何时刻都能保持连通性，从而能够传送安全信息，这是实现故障安全传输的基本保障。在物理原因导致总线介质损坏，安全信息无法传达的情况下，基于现场总线的安全控制系统必须作出正确响应，如紧急停车，以保障人和机器的安全。

（2）安全信息传输的完整性。这要求现场总线在面临自身故障或外界干扰时，仍能以高概率确保安全信息从源端准确无误地传输到宿端。

（3）安全信息传输的实时性。这意味着在存在故障或干扰的情况下，现场总线能以高概率确保在预定的有限时间内完成安全信息的正确传输。为确保整个现场总线的实时性，需满足以下时间约束：

第一，限制每个节点每次通信权的时间上限，防止某一节点长期占用总线而影响其他节点的实时性。

第二，确保每个节点在固定时间周期内都有机会获得通信权，避免个别节点因长时间无法通信而实时性受损。

第三，对于紧急任务或实时性要求较高的节点，应优先赋予通信权或增加其获得通信权的机会。

（4）安全性信息传输的可测性。这要求现场总线能够高概率地在预知的有限时间内检测到崩溃、遗漏、瑕疵和超时等失效，并能在有限时间内进行校正。

若无法校正，通信控制器应迅速且高概率地向主机报告失效情况。

2. 数据安全的常用原则

现场总线系统可以通过发送器的故障检测和重复发送作为标准的方式来保证数据安全的通信。可以通过发送以下冗余信息来进行故障检测：

（1）每一个字符提供一个校验位是最为简单的故障安全的原则。

（2）通过冗余循环校验码（CRC）保证数据安全。

（3）循环的测试顺序。

（4）其他的故障检测措施。

3. SafetyBUSp 安全现场总线特点

SafetyBUSp 是个开放的安全现场总线系统。来自不同的元器件生产厂家的产品可以连入 SafetyBUSp 安全现场总线系统。在国际上，SafetyBUSp 俱乐部可以为元器件生产厂家提供认证和技术。

（1）SafetyBUSp 参考模型。SafetyBUSp 是基于 CAN 总线技术建立的一个总线系统。CAN 具有突出的差错检验机理，如 5 种错误检测、出错标定和故障界定；CAN 传输信号为短帧结构，因而传输时间短，受干扰概率低。这些保证了其出错率极低，剩余错误概率为报文出错率的 4.7×10^{-11}。另外，CAN 节点在严重错误的情况下，具有自动关闭输出的功能，以使总线上其他节点的操作不受其影响。

SafetyBUSp 只采用了 OSI 参考模型中的第一、第二和第七层，即物理层、数据链路层和应用层。SafetyBUSp 本质上定义了 OSI 第七层。

（2）SafetyBUSp 的传输特征。SafetyBUSp 通过 3 芯的屏蔽电缆（双绞线）进行数据传输。由于 SafetyBUSp 基于 CAN 总线基础建立，所以其通信信号采用 CAN 的差分电压的通信方式，由 CAN+、CAN-、CANGND 组成。

SafetyBUSp 在诸多总线协议中采用 CAN 作为其主要通讯协议是因为 CAN 总线具有相关技术特征，包括：①多主站依据优先权进行总线访问；②无破坏性的基于优先权的仲裁；③远程数据请求；④配置灵活性；⑤错误检测和出错信令；⑥发送期间若丢失仲裁或由于出错而遭破坏的帧可自动重新发送；⑦暂时错误和永久性故障节点的判别以及故障节点的自动脱离。

SafetyBUSp 最长传输长度为 3.4 公里。根据传输长度和负载，其最高的传输速率可以达到 500kBits。在 SafetyBUSp 总线上最多可以连接 8064 个 I/O 点。单条总线最多可以控制 64 个从站，32 个组群。

（3）SafetyBUSp 同步传输技术。SafetyBUSp 采用同步传输技术。在网络通信过程中，通信双方要交换数据，需要高度的协同工作。为了正确地解释信号，接收方必须确切地知道信号应当何时接收和处理，因此定时是至关重要的。在计算机网络中，定时的因素称为位同步。同步是要接收方按照发送方发送的每个位的起止时刻和速率来接收数据，否则会产生误差。通常可以采用同步或异步的传输方式对位进行同步处理。异步传输将比特分成小组进行传送，小组可以是 8 位的1 个字符或更长。发送方可以在任何时刻发送这些比特组，而接收方从不知道它们会在什么时候到达。一个常见的例子是计算机键盘与主机的通信。按下一个字母键、数字键或特殊字符键，就发送一个 8 比特位的 ASC II 代码。键盘可以在任何时刻发送代码，这取决于用户的输入速度，内部的硬件必须能够在任何时刻接收一个键入的字符。

同步传输的比特分组要大得多。它不是独立地发送每个字符，每个字符都有自己的开始位和停止位，而是把它们组合起来一起发送。将这些组合称为数据帧，或简称为帧。数据帧的第一部分包含一组同步字符，它是一个独特的比特组合，类似于起始位，用于通知接收方一个帧已经到达，但它同时还能确保接收方的采样速度和比特的到达速度保持一致，使收发双方进入同步。帧的最后一部分是一个帧结束标记。

与同步字符一样，它也是一个独特的比特串，类似于停止位，用于表示在下一帧开始之前没有别的即将到达的数据了。同步传输通常比异步传输快速得多。接收方不必对每个字符进行开始和停止的操作。一旦检测到帧同步字符，它就在接下来的数据到达时接收它们。另外，同步传输的开销也比较小。

（4）SafetyBUSp 多主站协议。SafetyBUSp 采用了事件驱动的非破坏性的总线仲裁的多主站协议。协议中采用了信息优先的通信原则。现场总线系统有 3 种常见的总线访问模式：主从原则，令牌传递，CSMA/CA 和 CSMA/CD。

第一，主从原则。主从原则主要包括四方面的内容：①一个总线节点（管理者）通过与其他节点（从站）之间的循环数据交换协调总线访问，这种方式成为轮询；②使用通讯结构"一个对多个"的信息导向传输；③等待时间与节点的数量成比例，换言之，如果总线系统需要很短的等待时间，必须限制节点的数量或者提高传输速率；④如：PROFIBUS-DP（主—从），ASI，DeviceNet。

第二，令牌传递。令牌传递主要包括五方面的内容：①令牌传递是一个多主站的系统；②访问总线的权利是通过节点至节点之间传输的一个"令牌"，获得每一个享有总线访问权利的节点可以在一个固定的时间周期内使用总线（令牌持有时间）节点；③使用通讯结构"多个对多个"的信息导向传输；④等待周期由令牌循环时间、节点数量和令牌持有时间决定；⑤如：PROFIBUS（主—主）。

第三，CSMA/CA&CSMA/CD。CSMA/CA&CSMA/CD 主要包括五方面的内容：①CSMA/CA&CSMA/CD 是一个多主站系统；②只要总线空闲，每一个想要发送信息的总线节点都能够使用总线；③通信结构采用"多个对多个"；④如果超过一个的节点在同一个时间访问总线，将会出现总线冲突；⑤一个总线冲突能够通过不同的方式被检测和被解决，如静态等候时间（CSMA/CD）以更新总线访问权或信息优先级仲裁（CSMA/CA）。

CSMA/CA 全称是带冲突避免的载波侦听多址接入协议，主要用于 WLAN 无线局域网；CSMA/CD 全称是带冲突检测的载波侦听多址接入协议，两者最重要的区别就在于 CSMA/CD 是发生冲突后及时检测，而 CSMA/CA 是发送信号前采取措施避免冲突。

CSMA/CD 是通过检测物理信道上信号电平的值来判定信道上是否有信号在发送。假设一个用户站发送数据时，信道上的电平范围在 $0\sim3v$，当有多个用户站同时发送信号，信道上的各信号就会叠加使电平增大从而大于 $3v$，一旦监测信道的用户站发现信道上的电平大于正常值就判定发生了冲突，立即停止发送，等待一个随机过程再对信道进行监听。

CSMA/CA 与 CSMA/CD 基本原理非常类似，但是它适用于无线环境。无线信道存在隐蔽站和暴露站的问题，这两个问题主要是因为在无线信道上，信号可以向各个方向传输，而且传输距离有限引起的，不能使用 CSMA/CD 协议，CSMA/CA 协议是 CSMA/CD 协议的改进，使它更适用于无线信道。

CSMA/CA 协议的主要功能是解决站点隐藏的问题。它的原理是，工作站 a 如果要给 c 发送数据，它会首先激励 c，使其广播一个短信号，告诉周围的用户站自己要接收信号数据，这时收到信号的用户站就知道 c 站正忙，不再向它发送数据，从而避免冲突。

（5）SafetyBUSp 总线仲裁。SafetyBUSp 是基于 CAN 总线的安全总线系统，其通讯介质访问方式为带优先级的 CS-MA/CA。该系统采用多主竞争式结构，意味着网络上的任意节点都有权在任意时刻主动地向其他节点发送信息，不分主从。当总线空闲时，各节点均可使用网络。在发生发送冲突时，采用非破坏性总线优先仲裁技术。当多个节点同时发送信息时，依据逐位仲裁规则，利用帧开始部分的标识符，优先级较低的节点会主动停止发送数据，而优先级高的节点则可以继续发送，从而有效避免总线冲突，确保信息和时间均无损失。

SafetyBUSp 通过显性位/隐性位等级进行按位仲裁。当发生冲突时，发送显性位（通常为 0）的节点会覆盖发送隐性位（通常为 1）的节点。每个发送节点会检测其发送的信号是否与总线上的信号一致。如果一致，节点继续发送；否则，节点会立即中止发送，转为接收状态。

在 SafetyBUSp 通信协议中，显性位对应的电压等级为 LOW（0V），表示该位正在被主动驱动至低电平状态；而隐性位对应的电压等级为 HIGH（非 0V，通常在 SafetyBUSp 中采用 5V 作为标准），表示该位处于未被主动驱动的状态，由总线上的上拉电阻维持在高电平。

在 SafetyBUSp 中，若规定 0 的优先级高于 1，则当总线在发送信息时，会执行类似与运算的逻辑。这意味着，如果多个节点同时尝试发送数据且存在优先级差异（通过 0 和 1 的发送来体现），则优先级较高的信息（即发送 0 的节点）将能够覆盖优先级较低的信息（即发送 1 的节点）。

节点在发送信息的过程中，会同时监测网络状态，这是一种冲突检测机制。如果节点发送了 1 但检测到总线上实际上是 0（即有其他节点正在发送优先级更高的信息），该节点将立即识别到冲突，并遵循协议规定停止发送当前信息，以避免数据冲突或损坏。节点将保持静默，直到检测到网络再次处于空闲状态，此时它可以根据需要重新尝试发送信息。

起始位（SOF）标志数据帧的开始，由特定位构成。仲裁域包含 11 位标识符（ID）和远程发送请求位（RTR）。ID 决定信息帧的优先权，其数值越小，优先权越高。对于数据帧，RTR 位为"0"；对于远地帧，RTR 位为"1"，意味着数据帧的优先权高于远地帧。

控制域用于数据帧的扩展控制。数据域允许传输的数据长度为 0 至 8 字节，具体长度由控制域中的 DLC（数据长度码）决定。

CRC 域采用 15 位 CRC 校验，其生成多项式为 $X15+X14+X10+X8+X7+X4+X3+1$。CRC 的最后一位为 CRC 界定符，表现为隐性电平。

ACK 应答域包括应答位和应答分界符。发送站发送的这两位均为隐性电平。正确接收到有效报文的接收站，在应答位期间应以发送显性电平作为应答。应答分界符为隐性电平。结束位由一系列隐性电平组成，标志着数据帧的结束。

4. SafetyBUSp 安全措施

SafetyBUSp 总线系统中的通信媒介是单通道。虽然 CAN 总线有非常强的抗噪能力，但其是一个非安全相关的总线系统。所以，在 SafetyBUSp 总线中采用了一些措施来保证通信的安全可靠。

（1）以冗余、多样的硬件作为总线节点。在 SafetyBUSp 中安全相关的主站和从站都采用了冗余、多样的构架。SafetyBUSp 总线系统中的逻辑设备采用了 PSS 可编程安全控制系统。PSS 可编程安全控制系统采用了冗余、多样的处理器进行程序、总线管理。所有与安全相关 I/O 设备的头模块内部也采用了冗余处理芯片执行通讯功能。

与其他安全总线不同，SafetyBUSp 是基于安全控制开发出来的安全总线系统。其硬件 PSS 和远程 I/O 模块在最初期，也是完全针对安全控制开发出来的产品。安全部分与非安全相关部分的控制是完全分离的，PSS 可编程安全控制器、远程 I/O 与 SafetyBUSp 构成了一套独立于 SPS 非安全相关控制系统的安全控制系统。这套安全控制系统负责所有与安全相关部分功能的控制，同时与非安全相关控制系统进行数据交换。

所以，SafetyBUSp 安全总线系统中的 PSS 可编程安全控制器重要的功能就是控制安全相关信号。如 1003 的系统，PSS 可编程安全控制器的 CPU 内部有三个来自不同厂家的处理器。处理器 A 的处理速度最快。因为处理器 A 在处理安全部分的程序之外，还需要处理非安全相关的程序。非安全相关的程序主要负责安全系统与非安全系统的信息交换（如通过 Profibus 的信息交换）。处理器 B 和处理器 C 都是用来单独处理安全相关部分的程序的。从系统构架的中央处理单元来看，SafetyBUSp 总线系统的冗余、多样性保证了高的安全要求。

对于远程 I/O 设备，提供芯片构架。这个芯片称为 PSSSBCHIPSET，被设计与 SafetyBUSp 总线系统中安全相关的应用实施。它执行在总线接口部分，并且在总线和节点间组织数据交换。通过 ChipA 和 ChipB 两种相异的芯片设计，与应用层连接的多功能打印机（MFP）实现冗余。除了实现 SafetyBUSp 总线和应用层之间的信息交换，芯片也能够响应所实施的安全检测。例如，假设一个传输错误被检测出来，芯片组将会触发所配置的 I/O 组群，使其安全停机。

（2）通讯协议中的措施。通讯协议中的措施主要包括：①CRC 冗余循环校验；②Echo 模式；③连接检测；④地址检测；⑤时间检测。

二、安全控制系统的实现

（一）SafetyBUSp 的硬件平台

在 SafetyBUSp 总线系统中，存在三种类型的节点，分别是 I/O 设备（I/OD）、逻辑设备（LD）和管理设备（MD）。这些节点共同构成了 PSS 可编程安全控制系统的核心组成部分。这些设备可以通过 SafetyBUSp 组态或应用程序进行激活，以满足不同场景下的需求。

PSS 可编程安全控制系统采用了冗余结构的 PLC 设计，其 CPU 由三个不同的处理器组成。这种设计旨在提高系统的可靠性和稳定性。同时，PSS 的类别包括模块化构架和紧凑型构架，这两种构架各具特色，适用于不同的应用场景。

处理器 A 作为运行速度最快的处理器，负责运行安全部分和非安全部分的程序。在各个处理器完成程序任务之后，它们会进行同步操作，确保数据的一致性，并向输出寄存器输出结果。此外，在每一个循环中，处理器都需要运行动态实施自检，这是一种实时监测和诊断机制，旨在确保系统的安全可靠性。

1. SafetyBUSp I/O 设备

I/O 设备是总线系统上的从站，不带有自我的信息逻辑处理能力。一个 I/O 设备可以是总线上的物理输入和输出模块。这些模块安装在现场，就近连接至现场传感器和触发装置。在 SafetyBUSp 总线系统中，I/O 设备也可以是虚拟的输入/输出。这些虚拟的输入/输出由一个智能控制器（如 PSS）通过应用程序驱动。在这种情况下，逻辑设备读写这些虚拟 I/O 的内存，如 PSS 的数据块。

物理的 I/O 设备主要包括：第一，数字输入模块（光幕）；第二，数字输出模块（阀）；第三，数组输入和输出模块；第四，数字输入和输出模块。

2. SafetyBUSp 逻辑设备

逻辑设备作为 SafetyBUSp 总线系统中的一个节点，能够处理来自 I/O 设备的信息。至少需要一个逻辑设备在总线系统中执行控制功能。

逻辑设备的功能主要包括：第一，在操作过程中，对本设备分配的 I/O 设备进行连接检测；第二，评估所有 I/O 组群中的输入信息；第三，对信息进行逻辑处理；第四，对本设备所分配的 I/O 组群中的输出进行控制。

3. SafetyBUSp 管理设备

管理设备是每一个 SafetyBUSp 总线系统的核心。它是一个负责管理总线的逻辑设备单元。在 SafetyBUSp 总线系统中，管理设备是来自 PSS 系列可编程控制系统中的设备，如 PSSSB3006-3DP，PSSSB3000/3100 等。通常，一个 SafetyBUSp 总线系统中必须有一个管理设备。

管理设备的功能主要包括：第一，构建总线通信，并且设置通信速率；第二，使用组态工具配置所有的总线节点；第三，在 SafetyBUSp 总线系统中，对所有连接在总线上的节点进行连接检测；第四，启动 I/O 组群；第五，管理包括所有在总线系统中备案的故障的错误堆栈；第六，准备诊断信息；第七，分配 I/O 设备地址。

（二）Winpro 编程软件

Winpro 是 Pilz 开发的用于 PSS&SafetyBUSp 安全系统的编程软件。该软件用于安全和非安全相关部分的编程、网络组态、地址分配、系统配置、诊断等功能。

1. 编程

Winpro 提供了多种编程语言：语句表、梯形图和功能块。其程序结构通过 OB（组织块）、PB（程序块）、FB（功能块）、DB（数据块）和 SB（标准功能块）的方式实现。其中，OB 作为组织结构块，也可称为主系统块。每个程序都必须有相应的 OB 块。PB 用于存放用户程序，可在 OB 中被调用。FB 是用户自定义的功能块，同样可以被调用。DB 用于存放数据信息，而 SB 则是经过专门开发并通过安全认证的标准功能块。

为了保障安全相关功能的编程安全，SB 的使用至关重要。SB 可以在 OB 和 PB 中被调用，编程人员只需输入相应的参数和地址，即可实现安全功能的编程。例如，针对紧急停止按钮的功能块 SB61，在功能块的左侧，SB61 提供了功能块序号、复位信号、紧急停止按钮地址、复位设定等必要的输入参数。在功能块的右侧，SB61 提供了一个输出参数。这些输入参数和输出参数之间的逻辑关系在 SB61 内部已经预先编译完成，无须编程人员额外考虑。这种设计确保了不同编程人员在编译安全功能时的一致性和安全性。

2. 编程界面

由于是安全相关部分的编程，要求安全与非安全相关部分之间没有任何反馈。因此，Winpro 提供了两种界面的编程，分别用于非安全与安全应用。灰色界面的为非安全相关部分的编程，黄色界面的为安全相关部分的编程。进入安全相关部分编程界面需要输入密码。非安全部分的程序不能直接影响安全部分的程序。两部分之间可以通过特殊的变量进行数据交换。

（三）SafetyBUSp 的网络组态

在 Winpro 中，用户可以通过 SafetyBUSpConfiguration 工具便捷地对网络进行组态。对 SafetyBUSp 进行组态时，需遵循以下步骤：

第一，选择适当的硬件模块，这包括管理设备和 I/O 设备。这些设备是构建 SafetyBUSp 网络的基础，其选择和配置直接影响到网络的性能和稳定性。

第二，对所选设备进行地址分配。根据 SafetyBUSp 的规定，地址范围限定在 32 至 95 之间。其中，地址 32 被指定为管理设备的专用地址。而 I/O 设备则可以在 33 至 95 的范围内分配不同的地址，以确保每个设备在网络中都有唯一的标识。

第三，进行组群分配。为了提高网络的可用性和容错性，SafetyBUSp 提供了组群分配功能，通过这一功能，可以将不同的设备划分至不同的组群。系统支持最多分配 64 个组群。这种设计的好处在于，当某个组群中的某个设备出现问题时，仅会导致该组群内的设备停止运行，而不会影响到其他组群的正常工作。这种隔离性大大增强了网络的稳定性和可靠性。

第四，进行网络参数设定。这包括通信速率、事件响应时间、循环检测时间等重要参数的设置。这些参数的合理配置对于确保网络的高效运行和及时响应至关重要。

通过对 SafetyBUSp 进行组态步骤，可以确保 Winpro 中的网络安全、稳定、高效地运行。同时，这些步骤也符合学术规范和实时性要求，用词专业、准确、逻辑清晰、通顺。

（四）PSS 的安全控制系统的分析

PSS 安全控制系统是一种关键的技术，用于确保各种工业和商业过程的安全性和可靠性。在今天的数字化和互联世界中，PSS 扮演着至关重要的角色，它们不仅能够保护物理设备和资产，还能保护生产数据的完整性和保密性，以及确保工业系统的连续运行。对 PSS 进行安全控制系统的分析，是为了理解它们的工作原理、弱点和潜在的风险，并采取措施加强其安全性。

第一，PSS 的安全控制系统需要全面的风险评估。风险评估包括识别可能的威胁，如物理入侵、网络攻击、恶意软件等，以及评估这些威胁对系统的潜在影响。通过系统性的风险评估，可以确定哪些控制措施是必要的，并确定安全预算的分配方式。

第二，PSS 的安全控制系统需要采取适当的防御措施来应对已识别的威胁。这包括物理安全措施，如锁定设备和控制访问权限，以及网络安全措施，如防火墙、入侵检测系统和加密通信。此外，安全意识培训和教育也是至关重要的，以确保工人能够识别并应对安全威胁。

第三，PSS 的安全控制系统需要定期进行审计和监控。审计和监控包括对系统的实时监控，以及定期的安全审计和漏洞扫描。通过持续监控和审计，可以及时发现并应对安全漏洞和威胁，确保系统的安全性不断得到维护和加强。

第四，PSS 的安全控制系统需要建立灵活的响应机制，以应对新出现的安全威胁和漏洞。这包括建立应急响应计划和升级机制，及时修复漏洞和强化安全措施。同时，还需要与安全社区和行业组织保持密切合作，分享安全信息和最佳实践，以加强整个行业的安全性。

第三节 控制系统安全自动化技术的应用

一、安全自动化技术在汽车制造业的应用

"就汽车制造领域而言，自动化技术的应用不仅提高了汽车制造效率，还推动了汽车行业的进步与发展。"[1] 在汽车制造业中有冲压、焊装、涂装、总装和动力总成装配等工艺。其中，冲压车间是工艺中最危险的。所以安全自动化技术在冲压车间的应用最多、要求也最高。

一条冲压生产线一般由 5~6 台压机顺序组成。压机与压机之间由机械自动化装置连接，进行加工件的传递。这些机械自动化装置通常由机器人手臂组成。加工件在第一台压机完成冲压成形之后，由机械手传递至下一台压机，完成第二次冲压成形。如此类推，从最后一台压机运送出来的加工件就是目标成形产品。这样的一条高速冲压生产线，对自动化的要求非常高。由于其复杂程度高，在保证工艺功能的同时，还必须保证生产线的安全性。其安全性就是要保证生产线在生产运行、调试、清洗、维修过程中，不会对工作人员造成任何伤害。通常，机器生产商或系统集成商会采用各种各样的安全保护功能来提高冲压生产线的安全性。

（一）紧急停止装置

为了消除直接的或即将出现的危险，压机生产线中的每一个操作台、每一个现场电箱上必须设有紧急停止功能。紧急停止功能可以通过一个或多个紧急停止装置来实现。在实际使用过程中，紧急停止装置只能被用作机器设备附加的预防危险的措施，而不能用来取代必需的安全保护装置，也不能用作自动的安全装置。

---

[1]张月平,陈文静.自动化技术在汽车制造领域的应用[J].汽车测试报告,2023(06):40.

　　设计和使用紧急停止装置应要求控制装置或操动装置的锁定与紧急停止信号的触发之间的互相依赖关系更加紧密，同时还要防止意外解除紧急停止装置的锁定状态。特别要注意的是，对紧急停止装置有一个特殊的要求，即在给出紧急停止的命令信号之后，控制装置的操动头必须能够通过预先设置在内部的机械结构来自动运动到切断位置。这就意味着只有那些内部具有弹簧结构，在操动力达到了压力点之后，能够自动锁定的装置才能满足这个要求。而那些通过内部升起动作来实现锁定功能的装置则不能满足这个要求。

　　紧急停止装置是为了在机器设备的控制过程中，能够更好地防止无意之中的重新启动。这在使用传统的控制装置时存在着一定的危险因素，即操动头很容易动作，不需要锁定和触发一个紧急停止信号。在这种情况下，对启动按钮的错误动作将会使无意之中的危险地重新启动，因为没有锁定功能，紧急停止设备的安全触点将不会再保持断开状态。

　　除了对颜色、形状的要求外，还应对紧急停止装置进行以下规范：

　　第一，控制装置及其操动元件应该应用肯定的机械动作原理。

　　第二，在操动元件动作后，紧急停止装置应该可以消除机器设备的危险动作，或是自动地以最有可能的方式降低危险。

　　第三，紧急停止装置的操动元件动作后，在产生一个紧急停止命令信号的同时，应该能使控制装置锁定在停止状态，这样，当操动元件恢复原状后，紧急停止命令信号仍将保持，直到控制装置被复位（解锁）。在紧急停止命令信号没有产生时，不允许使控制装置处于锁定状态。在控制装置出现故障的情况下，产生紧急停止命令信号的功能应该比锁定功能具有优先权。

　　第四，在控制装置处于动作期间，由紧急停止命令信号产生的机器设备的安全状态应该不会被无意更改。在产生紧急停止命令信号后，机器设备可以有停止类别 0 或 1 两种形式，因此紧急停止应该具有的功能包括：第一，符合停止类别 0，也就是通过立即切断机器设备动作元件的工作电源使机器设备停止下来；第二，使机器设备的危险部件与它们的机械操动元件之间形成机械脱离，如果有必要的话，产生不受控制的制动；第三，符合停止类别 1，也就是机器设备的动作元件在通电的情况下其停止过程受到控制，在达到停止状态后再切断其工作电源。

（二）双手控制装置

每一台压机必须使用至少一套双手控制装置，进行手动冲压操作。双手控制装置属于电敏式安全保护装置，其作用是当有人在操作机器设备，给机器设备一个产生危险动作的信号时，迫使其同时使用双手，从而必须待在一个地方，这样可以确保安全。

双手控制装置是安全保护装置，要求双手的动作必须保持同时，这也就意味着在启动机器或保持机器设备的运转时，只要机器设备的危险动作没有停止，操作人员的双手就会被一直限制在远离危险区域的范围之内。

（三）安全控制装置

通常，一条典型的大型冲压生产线长约 40 米，宽约 8 米，地面上高度约 10 米，地下深度约 6.5 米。在这个广大的空间中，各现场输入输出设备分布广泛，控制系统所在的电柜则被放置在冲压生产线旁边，位于高度为 6 米和 10 米的电柜平台上。安全传感装置被精心布置在整条线的各个关键位置。在压机生产线中，安全继电器和模块化安全 PLC 都可以作为安全控制装置使用。然而，由于冲压生产线的安全功能众多且逻辑复杂，安全继电器的硬接线控制方式并不适合。同时，各个安全传感装置的离散式分布使得采用集中式的模块化安全 PLC 解决方案时面临电缆过长、诊断困难等问题。因此，现场安全总线被证明是最适合冲压生产线的安全解决方案。

具体来说，每一台压机都配备了一套 SafetyBUSp 安全总线系统。在这套系统中，将一个紧凑型的安全 PLC （PSSSB3006-3ETH2）作为主站，通过 SafetyBUSp 安全现场总线控制着远程安全 I/O （PSSu）。这个主站 PLC 被安装在主电控柜中，而远程 I/O 则被安装在现场的电控箱中，以便就近控制安全传感装置和安全触发装置。此外，每一套安全总线系统之间都通过网桥进行安全信号的传输，从而构建了一个完整的压机生产线的安全自动化控制网络。值得一提的是，PSSSB3006-3ETH2 还能够通过以太网与工艺部分的控制系统或上位机系统进行诊断信号的传输，极大地便利了现场的故障排除工作。

（四） 安全光幕/光栅

在冲压生产线中，必须采用安全光幕/光栅进行换模区域和压机区域的安全防护。当自动换模的时候，必须保证人员没有进入该危险区域。由于模具是安放在压机线之外的开放区域的，所以可以采用安全光栅进行安全保护。在压机与机械手的接口区域，也必须安装安全光幕，以保证机械手或人员在压机内的时候，压机不能进行冲压操作。安全光幕/光栅是一种保护各种危险机械装备周围工作人员的先进技术。同传统的安全措施，比如机械栅栏、滑动门、回拉限制等相比，安全光幕/光栅更自由、更灵活。

在一个安全光幕/光栅中，一台光电发射器发射出一排排同步平行的红外光束，这些光束被相应的接收单元接收。当一个不透明物体进入感应区域，中断了一束或多束红外光束的正常接收，光栅的控制逻辑就会自动发出目标机器的紧急停止信号。发射装置装备了发光二极管（LED），当光栅的定时逻辑控制回路接通时，这些二极管就会发射出肉眼看不到的红外脉冲射线。这种脉冲射线按照预设的特定脉冲频率依次发射（LED 一个接着一个亮）。接收单元中相应的光电晶体管和支持电路被设计成只对这种特定的脉冲频率有反应。这些技术更大地保障了安全性，并屏蔽了外来光源可能的干扰。控制逻辑、用户界面和诊断指示器可以被整合在一个独立的附件中，也可以与接收电路系统一起配置在同一个机架上。

（五） 安全门防护设备

为了防止人员在压机内遇到危险，可以采用多种方法，安装可移动的防护门是其中非常普遍的一种。设计压机生产线的防护门时，应该做到在机器的危险运动停止之前，或其他危险因素被排除之前，工作人员无法进入危险区域。安全门开关和电磁开关锁可以用来对可移动的防护门进行位置监控和锁紧。安全门开关和电磁开关锁最大的特点是具有一个单独的分离式的操动件。使用安全门开关和电磁开关锁必须实现以下功能：

第一，能够确保在安全防护门打开时，压机或机械自动化装置不会产生危险的动作。

第二，如果使用的是安全门开关，则在压机或机械自动化装置运行过程中，一旦将可移动的安全防护门打开，必须能够使压机或机械自动化装置的危险动作停止下来。

第三，如果使用的是电磁开关锁，则可移动的安全防护门必须一直保持锁定，直到压机或机械自动化装置运行状态不会导致危险状况的产生。

第四，在两种情况下，关闭可移动的防护门都不会直接启动压机或机械自动化装置的危险动作。

在压机部分，较多使用安全电磁开关锁，这种安全电磁开关锁具有安全锁定和延时解锁释放功能。安全电磁开关锁有两种工作方式：一种是通过弹簧力锁定，通过电磁力解锁；另一种是通过电磁力锁定，通过弹簧力开锁。弹簧力锁定工作方式的安全电磁开关锁时通过内部的弹簧力来进行锁定，通过内部的电磁线圈通电产生的电磁力来进行解锁，如果电磁线圈没有通电，则可移动的防护门将始终保持锁定状态。在这种形式的电磁开关锁中，内部的弹簧为安全型的弹簧，其弹簧线圈之间的间隙比弹簧钢丝的直径还要小，这样可以避免弹簧的损坏，确保弹簧可以实现安全的锁定功能。电磁开关锁的另一种工作方式是通过电磁力锁定。

当开关内部的电磁线圈通电后产生电磁力，这个电磁力克服弹簧的弹力之后将操动件锁定，而当电磁线圈断电之后，弹簧将恢复原状，从而将操动件解锁。通过弹簧力锁定的电磁开关锁可以被当作安全开关用来保护人身安全，而通过电磁力锁定的电磁开关锁只能应用于少数情况。所以，在冲压生产线中，通常使用弹簧力锁定的电磁开关锁。

二、安全自动化技术在钢铁制造业的应用

在钢铁行业中，不论是冷轧生产线，还是整卷钢板的开卷、剪裁、再卷，这些生产过程都可能对操作人员造成伤害。以济南钢铁集团冷轧厂为例：首先以热轧带钢作为原料，进入酸洗流水线。由于热轧带钢经过轧制和冷却后在表面形成一层氧化铁皮，必须在冷轧之前进行酸洗以清除掉这层氧化铁膜，露出新鲜干净的带钢基体金属表面。带钢经过酸洗线之后，就被传送至冷轧设备，被加工至客户所要的厚度。然后，经过退火工序，令钢带内部晶体结构重组，使钢带的韧性得到增强。最后经过平整流水线，消除带钢表面凹凸不平的现象后，得到成品。

在整个生产过程中，冷轧流水线的工艺最为复杂、安全性要求最高。在轧制过程中，工作人员或调试人员需要在现场进行检测、设定、调试、润滑、清洗、手动装载和故障排除等操作。在这些操作过程中，带钢的开卷、再卷、乳酸液喷射、换辊、钢卷小车移动、X射线测厚以及轧制过程等都有可能对工作人员或调试人员造成碾压、碰撞、冲击、切割、缠绕、拖拽、灼伤、辐射等伤害。所以，必须采用安全保护和控制设备来减少风险，保护人和机器的安全。

现场分为15个安全区域。在现场的各个操作区域，都装有紧急停止按钮，用以终止机器异常的工作状况。在轧机冷轧区域，采用卷帘门进行保护，防止高速运转的工作辊和高速移动的钢带对人员的伤害；当进梁上钢卷移动的时候，使用安全地毯和安全门，以确保处于该危险区域的人员的安全；模式转换开关和使能按钮的组合使用，可保证轧机在正确的生产流程下运行；在工作区域，当有危险动作出现的时候，必须可靠地发出声光报警。这些安全功能必须由可靠的安全系统进行控制，经过逻辑运算后，执行安全的输出，控制电机的运转或伺服系统。

所有的安全输入输出点分散在地下油库、乳酸区、轧机工作区、主控操作区域等处，因此采用集中式的控制系统是不合适的。所以，在该条生产线中，使用了Pilz的SafetyBUSp安全总线系统，进行离散的安全自动化控制。

现场的安全信号直接进入安全远程I/O模块。安全I/O模块通过SafetyBUSp，与主站PSSSB3000可编程安全控制器进行安全数据交换。安全PLC在进行安全控制的同时，通过Ethernet通讯扩展模块进入Ethernet，与控制液压、乳酸部分的普通PLC以及人机界面、TCS等工艺控制或诊断部分进行数据交换。

（一）LOTO的控制操作

在钢铁工业中，人员需要经常进入机械工作区域进行维修、清洗和调试。然而，钢铁工业中的机器控制功能非常复杂，在人员进入危险的机械工作区域时，为了保证机器不会意外启动，需要增加额外的安全保护手段，保护人员的安全。LOTO功能即为实现这样的安全保护功能而设置。LOTO全称为挂锁上牌，其控制操作规程如下：

第一，机器受控（SPS）停止。

第二，工作人员按下 PB-1/2 闭锁停止按钮。

第三，接收闭锁停止按钮信号的安全 PLCPSS 闭锁输出回路。PSS 通过 LCK1 和 LCK2 安全可靠切断输出回路，保证机器停止。

第四，如线路反馈信号无误，现场绿色指示灯亮起，表示人员可以进入危险区域。

第五，工作人员赴现场实地确认机器停止，进入危险区域。

第六，在闭锁过程中，一旦系统中出现任何故障，安全控制装置 PSS 立刻输出警示信号（红色指示灯或蜂鸣装置）。

第七，如果按钮被解锁，则会失去闭锁功能，机器准备下一次启动。

（二）LOTO 的优点

第一，安全系统与非安全系统在物理上分离。非安全系统负责整套冷轧线的工艺控制，是一个动态的系统。安全系统 SafetyBUSp 和 PSS 负责现场所有的安全功能，静态地运行其安全职责，一旦现场出现风险，立即可靠地切断输出，使得机器安全地停止。

第二，离散式控制，节省成本，降低故障率。

第三，诊断容易——可以通过故障堆栈进行快速诊断；通过与 HMI 的数据交换，可以直观判断；可以通过程序在线诊断。

第四，安全可靠，达到欧洲安全要求，如果按照原先设计，该系统是一个高安全等级的系统。

三、安全自动化技术在风力发电机组制造业的应用

安全自动化技术在风力发电机组制造业的应用，是确保风力发电系统稳定运行、减少潜在风险、提升机组安全性能的关键环节。随着风力发电技术的快速发展，安全自动化技术不仅关乎机组的运行效率，更直接涉及到操作人员的安全以及整个电力系统的稳定性。

风力发电机组作为复杂的机械系统，在运行过程中面临着诸多安全风险。这些风险包括但不限于机组内部的机械故障、外部环境因素导致的运行异常，以及人为操作失误等。这些因素都可能对机组造成不同程度的损害，甚至威胁到现场

人员的生命安全。因此，引入安全自动化技术，对风力发电机组进行全方位的监控与保护，显得尤为重要。

电气控制系统作为风力发电机组的核心技术之一，其安全性和可靠性直接关系到机组的整体性能。在电气控制系统中，安全系统扮演着至关重要的角色。与控制系统相比，安全系统具有更高的优先级，当机组运行超过安全限值或控制系统无法维持机组正常运行时，安全系统会迅速介入，使机组进入安全状态。这种逻辑上的优先性确保了机组在面临潜在风险时能够迅速作出反应，防止事故发生。

在风力发电机组制造业中，安全自动化技术的应用主要体现在三个方面：第一，通过传感器和执行器等设备对机组进行实时监控，确保机组在各种环境下都能稳定运行；第二，利用先进的控制算法和逻辑判断功能，对机组运行数据进行实时分析，预测可能出现的故障或异常，并及时采取相应措施；第三，通过集成化的安全控制系统，将安全功能与非安全功能整合在同一个平台或系统中，实现安全与非安全通信的共享，提高系统的整体性能和可靠性。

在具体实施方案上，可以采用独立的安全控制系统或集成的安全控制系统。独立的安全控制系统采用完全分离的控制系统和安全系统，两者在物理上相互独立，确保安全功能的独立性和可靠性。集成的安全控制系统将安全功能集成到标准控制系统中，通过一个系统和一个总线实现标准和安全功能的共享。这种方案在简化系统结构、降低成本的同时，也可提高系统的灵活性和可维护性。

无论是采用独立的安全控制系统还是集成的安全控制系统，都需要对系统进行精确的编程和配置，以确保安全功能的正确实现。编程方式应简洁、快速，便于操作人员理解和操作。同时，系统应具备良好的故障诊断和传输功能，以便及时发现和处理潜在问题。

安全自动化技术在风力发电机组制造业的应用具有深远的意义。它不仅可提高机组的安全性能和运行效率，还可降低潜在风险和维护成本。随着技术的不断进步和应用领域的不断拓展，相信安全自动化技术将在风力发电机组制造业中发挥更加重要的作用，为风力发电事业的可持续发展提供有力保障。

参考文献

[1] 曹德标，韩飞飞. 机械自动化技术的质量控制分析 [J]. 自动化应用，2023，64（6）：19-21.

[2] 陈崇德. 电机转子自动化加工生产设备的设计 [J]. 工程技术发展，2022，3（3）：109-111.

[3] 陈鹏，孙伟进. 柔性制造物流系统的原理及应用 [J]. 农业技术与装备，2020（08）：62-63.

[4] 储胜国. 机械自动化技术探析 [J]. 造纸装备及材料，2021，50（8）：38-39.

[5] 崔井军，熊安平，刘佳鑫，等. 机械设计制造及其自动化研究 [M]. 长春：吉林科学技术出版社，2022.

[6] 代浩岑，孙丹宁，赵文博. 工业机器人技术的发展与应用综述 [J]. 新型工业化，2021，11（04）：5.

[7] 冯自鹏，周伟伟，柳金圆. 探索自动化设备在肉鸡屠宰及深加工行业中的应用 [J]. 冷藏技术，2016（03）：36-40.

[8] 耿宝骏. 对工业机器人应用与发展的探讨 [J]. 新型工业化，2022，12（10）：321.

[9] 过晓颖. 如何理解物流系统柔性化 [J]. 物流技术与应用，2014，19（10）：129-132.

[10] 洪露，郭伟，王美刚. 机械制造与自动化应用研究 [M]. 北京：航空工业出版社，2019.

[11] 黄浩. 浅析简易柔性自动化机械加工生产线 [J]. 中国设备工程，2018（04）：92.

[12] 黄力刚. 机械制造自动化及先进制造技术研究 [M]. 北京：中国原子能出版社，2022.

[13] 黄祥源. 自动导向小车控制系统 [J]. 轻工机械, 2012, 30 (02): 38-41.

[14] 黄选鑫. 机械加工非标自动化设备的设计及研究 [J]. 现代工业经济和信息化, 2023, 13 (1): 306-307.

[15] 贾庆祥. 自动化加工设备的刀具分组分配方法 [J]. 现代制造工程, 2007 (7): 80-83.

[16] 姜喜涛, 张春竹. 自动化设备加工钢筋与传统方式的对比 [J]. 黑龙江交通科技, 2016, 39 (12): 155+157.

[17] 梁嘉轩. 6 自由度工业机器人动力学分析与结构优化设计 [D]. 大连: 大连交通大学, 2023: 23.

[18] 梁志鹏. 基于对称度误差在线检测及补偿的精密数控插削加工方法研究 [D]. 宜昌: 三峡大学, 2018.

[19] 刘全兴, 蒋睿琦, 李月姣. 工业机器人驱动系统现状及未来发展研究 [J]. 电子技术与软件工程, 2023, (04): 154-157.

[20] 马可. 基于自动化理念的机械制造技术相关探讨 [J]. 黑龙江科技信息, 2017 (11): 86.

[21] 戚钰, 付维波. 自动导向小车的研究现状与发展趋势 [J]. 山东工业技术, 2017 (06): 292.

[22] 任芳. 物流系统柔性化建设 [J]. 物流技术与应用, 2014, 19 (10): 128.

[23] 任芳. 再谈物流系统柔性化 [J]. 物流技术与应用, 2019, 24 (10): 122-123.

[24] 宋刚, 谷京才, 胡德金. 基于网络的自动化加工设备的远程监控 [J]. 电工技术杂志, 2001 (10): 23-25.

[25] 睢雪亮, 马兆宾. 机械自动化技术在机械制造业中的应用 [J]. 造纸装备及材料, 2023, 52 (10): 73-75.

[26] 覃嘉恒. 检测自动化技术在机械制造系统中的应用 [J]. 现代制造技术与装备, 2017 (09): 160+162.

[27] 汤智伟. 非标设备机械自动化的设计与加工研究 [J]. 工程技术研究, 2021, 3 (3): 66-67.

[28] 田明飞, 王凯强, 周阳. 机械制造自动化的研究与应用 [J]. 河南科技,

2012（18）：19.

[29] 王洪波，李金梁，程健伟. 汽车保险杠精加工自动化设备的研究［J］. 科技创新导报，2015（35）：183-185.

[30] 王理. 机械设计制造与自动化的发展展望［J］. 南方农机，2018，49（14）：34.

[31] 王小闯，徐达，王兆阳. 机器人装配作业轨迹规划研究［J］. 内燃机与配件，2021（22）：213.

[32] 徐萌. 机械自动化技术在机械制造中的应用探究［J］. 中国金属通报，2023（02）：80-82.

[33] 许阳. 机械自动化技术在工业生产中的运用［J］. 河北农机，2023（08）：96-98.

[34] 杨磊. 一种新型模具加工自动化设备设计［J］. 绿色科技，2018（02）：184-186.

[35] 杨明涛，杨洁，潘洁. 机械自动化技术与特种设备管理［M］. 汕头：汕头大学出版社，2021.

[36] 尹军琪. 柔性物流系统新特征与新发展［J］. 物流技术与应用，2019，24（10）：124.

[37] 尤正建. 工业机器人技术的发展与应用研究［J］. 中国高新科技，2023（16）：17-19.

[38] 张停，闫玉玲，尹普. 机械自动化与设备管理［M］. 长春：吉林科学技术出版社，2021.

[39] 张月平，陈文静. 自动化技术在汽车制造领域的应用［J］. 汽车测试报告，2023（06）：40.

[40] 赵江天. 工业机器人技术在智能制造中的应用及发展研究［J］. 自动化应用，2023，64（07）：16-18.

[41] 赵艳珍. 浅谈检测技术在自动化机械制造系统中的运用［J］. 轻纺工业与技术，2019，48（10）：126.

[42] 赵宇. 电气自动化技术在设备加工中的应用分析［J］. 环球市场，2021（11）：397.

［43］朱继欣. 机械制造业控制系统的安全自动化技术研究［J］. 中国电子商务，2012（3）：94-94.

［44］何红保. 发展现代物流产业建立高效畅通的物流体系［J］. 物流工程与管理，2023，45（06）：9-12.